做高情商的奋斗者

终身成长的63个砝码

曼筠 著

中国法制出版社
CHINA LEGAL PUBLISHING HOUSE

图书在版编目 (CIP) 数据

做高情商的奋斗者：终身成长的 63 个砝码 / 曼筠著 . — 北京：中国法制出版社，2020.7

ISBN 978-7-5216-1062-8

Ⅰ . ①做… Ⅱ . ①曼… Ⅲ . ①成功心理 – 通俗读物 Ⅳ . ① B848.4–49

中国版本图书馆 CIP 数据核字（2020）第 083475 号

策划编辑：杨　智

责任编辑：周熔希　　　　封面设计：汪要军

做高情商的奋斗者：终身成长的 63 个砝码

ZUO GAOQINGSHANG DE FENDOUZHE : ZHONGSHEN CHENGZHANG DE 63 GE FAMA

著者 / 曼　筠

经销 / 新华书店

印刷 / 三河市国英印务有限公司

开本 / 710 毫米 ×1000 毫米　16 开　　　　印张 / 14.5　字数 / 231 千

版次 / 2020 年 7 月第 1 版　　　　2020 年 7 月第 1 次印刷

中国法制出版社出版

书号 ISBN 978-7-5216-1062-8　　　　定价：46.00 元

北京西单横二条 2 号　邮政编码 100031　　　　传真：010-66031119

网址：http://www.zgfzs.com　　　　**编辑部电话：010-66054911**

市场营销部电话：010-66033393　　　　**邮购部电话：010-66033288**

（如有印装质量问题，请与本社印务部联系调换。电话：010-66032926）

推开通向成功的门扉

我是以极大的兴趣仔细阅读了这本书。我确认，这是一位高智商和高情商的作家纵谈情商的很有兴味的作品。我还觉得，这是一本系统性很强的人性文化随笔集。既为文化随笔，亦可列入广义散文的范畴。曾有许多年，专家们围绕所谓的广义散文与狭义散文争论得不亦乐乎，其实无非是认为狭义散文是应富有文学品位乃至艺术之美的。而广义散文比较宽泛些，包括有一定论说性的随笔和有韵味的“文章”。近年来，随着社会生活多元化的发展，许多有文学素质的人都能自在地写他们之所欲写、表达他们所想表达的思想；广大读者也能以包容的心态接受与阅读，并不过分计较这究竟属于何种文体。其实在我看来（几十年来，我主编过几种以散文随笔为主体的刊物和报刊副刊），这些均应属于散文，至少属于广义散文之列。

那么，我为之作序的这本《做高情商的奋斗者》的系统性随笔集亦可进入广义的“大散文”之列。

既然是系统性的行文，当然要表述一种思想，是说给众人听的见解。但这种思想见解的表达方式不是硬性的灌输，更不是居高临下的“训育”，而是以诚挚谈心的口吻、和婉舒放的笔调娓娓道来；其中列举了许多古今中外很有说服力的例子，以证实情商对一个人尤其是年轻人在人生道路上求取进步、获得成功是多么重要。

本书作者的见解，富于哲理，又不那么深奥难以理解。且举几例：“人生就是一次次起航、探索、满载而归，进而清仓、再出发。”“才华和知识固然重要，但为人处世的基本礼仪，世界观、人生观、价值观的正常和正确，应该是一个人的基本素养。”“教育改变一个人的心态和气质。一举一动都透露出我们接触过的人，读过的书。修养是一生的功课，有修养的人抱朴守拙，光而不耀，驰而不息，久久为功。”类似这样提纲挈领、言简意赅的提示，在本书中比比皆是。它们从人生的不同方面，精辟地揭示了为人处世应守护的准则。如果不具备正确的前行方向与良好的品性，几乎就没有资格侈谈人生的立身之本，更不必说取得事业的成功。即便侥幸拾得一桶金，最终也可能化为闪光的箔片。

对于情商的塑造与修养，本书作者的引领和“告诫”是细腻、精致的，而不是大而化之，点到为止。这一点充分表现了相对年轻的作者的智慧与丰厚的专业积累。为了说明问题，亦举几例：“细节决定成败，从 60 分到 80 分是完成积累，而从 80 分到 95 分则是完成质的飞跃。我们常常不是停止在积累阶段，而是因为最后一刻难以坚持而止步于制高点之下。”“争与不争，各有意义。在该争取的时候当仁不让，在该让步的时候退而有节。有品格、有血性、有担当、有底线，保持自尊，不卑不亢，也要大智若愚、心平气和、为人宽厚。进退有度之间，考验的是一个人的智慧。”劲如韧带，细若游丝。请看：“恋爱的时候，只要两个人相处合适就可以，而婚姻包含着各种因素，是两个家庭的结合，在有孩子之后更加明显。”作者的思锋可谓无处不到，举凡恋爱、婚姻乃至着装格调等都有情商的点滴智慧在其中。不仅如此，与人相处应注意的细节亦不能小觑，有些已渗入心理学的细部，例如：“常常有这样一种现象，当与我们最敬佩的人相处过密时，其缺点就会日渐暴露，我们就会不知不觉地淡化对这位前辈的尊重，甚至容易产生一种失望、反感的情绪……在人与人的交往中，注意心理距离，否则伟大、高尚也会显得平庸。”又如：“对于异性领导，要妥善处理上下级的关系。不但要举止大方、自然、得体，还要在汇报工作时尽量保持开门的状态。如果上司示意要关门，可以轻掩门，汇报完工作后即刻离开。”对于一般人而言，不可能要求他们都是心理学家，但情商的高低，的确不能回避正当心理机制的作用。不可否认的是，情商高低也有“机巧”的成分。但只要出发点（动机）非恶，就是可以接受的。重要的是，这种“机巧”利己亦益人，至少不会侵害他人。在任何时候，我们都不能将愚蠢视为纯朴，将不得体视为直爽来加以赞许。在这方面，本书作者所倡导的合度而诚恳。

我还注意到一个值得重视的现象。即作者在举证时，尽量避免或减少人所共知的人和事（虽然某些经典事例不能完全绕过），而有不少事例是鲜为人知却举证有力的。比如刘备少年时有一好友名叫石全，家境非常贫穷，当时刘备家虽然也不富裕，但仍然尽己所能周济石全；待到刘备与群雄逐鹿时，一次战役失败而被敌人追杀，中途石全冒死搭救，才使刘备保全了性命。此例用于施恩者与承恩者之间的投桃报李，既比较新鲜，又恰当地表现了人与人之间应有的美德。

本书作者在谈及待人处事应刚柔并济，忌极端偏颇时，以三国时曹操的谋士荀攸为例，说荀攸在曹魏阵营二十余年，可以从容自如地处理政治旋涡中的复杂关系，在残酷险恶的人事倾轧中，处境安然稳定，立于不败之地。

关于荀攸其人，“知名度”较上述的石全要大一些，但许多人虽知其名，未必详尽地知道其业绩。碰巧我也关注过此人，并与其颍川（今河南省许昌市）同宗亦同为曹操谋士的荀彧做过比较。荀彧智谋过人，“挟天子以令诸侯”之策就是他献予曹操的，但荀彧与荀攸相较，相对自负而执拗，终被曹操相逼而自戕。反观荀攸，他早生于荀彧，却迟卒于荀彧，而且是因病而亡，比荀彧多活了近十年，委实发人深思。

本文开始时说到广义散文和狭义散文的命题。本书就总体而言，固然应列入“广义散文”的范畴，但其中有几篇也不失为文学性很强的优美散文，或者说很富有文学含量。而且，作者时不时地展开笔墨，写某个人物或某个具体情节，具象而生动，不啻笔记小说的写法与情味。这也难怪，因为作者本来就是一位很有艺术造诣的作家。

当年宋太宗赵光义有云：“开卷有益。”翻阅本书，仅看每一章节的小标题便不难悟出其义而得其味，已先受其益。虽然我也知道，近年来出版的“职场丛书”

并非少数，但本书不同于俗类，它在思维的深度和广度上均占优势，在知识含量上更为丰富，在文字表达与文学意蕴上更胜一筹，总之是一部有特色、有分量、值得赏读的新著。

是为序。

石　英

于庚子年“谷雨”疫情未尽中

石英：著名作家、评论家，中国散文学会名誉会长，

中国散文网顾问，人民日报社原文艺部主任

自序

年轻人的人生清单上会有很多待办事项。在成长过程中，无论是学业、事业，还是为人处世，乃至婚恋、家庭，都有些共通的“道”，正所谓“幸福的人生都是相似的”。对于涉世未深的年轻人而言，如果能早点懂得这其中的道理，拨开眼前的迷雾，用更睿智的眼光看待问题，可以少经历一些波折，避开险滩暗礁，是一种对身心的保护，更有利于快速成长和发展。善于观察和思考，借鉴成功者的经验，在别人的错误中吸取教训，避免重蹈覆辙，这是成长最快捷的方法。

这本书通过丰富而生动的案例与故事，阐释成长之“道”。有对精致生活的追求，对精心处事的修炼，对精细理财的计划，对精美外形的塑造，也有对交友、言谈、情感等问题的处理。书中次第登场的人，可能是我们身边的甲乙丙丁，甚至就是我们自己。书中提到的话题，可能是我们都会遇到的一些现象和困惑。书中所探讨的不是标准答案，而是提供一种思路。

幸福是一种福报，也是一种能力。更确切地说，福报是对能力的回馈。我们无法预知未来，但可以规划人生；不能决定终点，但可以坚持一种习惯；难以十全十美，但可以始终保持昂扬的姿态。

一切从心开始。传统的观点认为，决定人生命运的主要因素是智商。但事实上我们发现，智商高的人不一定能获得成功，也不一定能拥有好的命运。情商是震撼人心的人类智能评判的新标准，它主宰人生的 80%，是真正与一个人的未来成就及幸福紧密相关的因素。智商可能让我们具有更强大的思考能力，聪慧而富有才华，但情商的砝码可以让我们人生的天平更加平衡，通过恰当的方式，更好地与自己、与他人、与环境相处，实现和谐与共生。

春暖花开，又是一个蓬勃的季节。无论用心还是随性，时光都在流淌。面对新的旅程，愿我们以更加饱满的心灵、更加清澈的灵魂、更加矫健的步履，走向人生更辉煌的未来。成功与成就只是驿站，幸福才是一生的终极课题。

目录 CONTENTS

Chapter 1

第一章

精英追求，卓越的你自带光环

限量版的你，无可替代

何珊又没考上公务员。烟雨蒙蒙的4月清晨，陈菲走进办公室，看到何珊依旧是第一个到，眼睛红红的，神情有些沮丧。“姐，我又差了一点。”

从前，陈菲都会劝她别在意一次得失，继续努力。但这天，陈菲劝她，想哭就哭吧。痛快地哭一场，胜过憋在心里的委屈。可是哭过之后又怎样呢？生活还在继续。

陈菲劝何珊，公务员不是人生唯一的选择，它只是一份工作。现在坚持不懈地复习和考试，也许进入这扇大门会发现实际的生活状态与预想有很大的不同。20多岁的人需要不断学习，不断给自己加压，但不需要也不必要在一场场备考和考不上之间循环。放下包袱，放开视野，换条道路，也许会海阔天空？

大概很多人都有这样的困惑，道路千万条，为什么到了自己眼前，任何一条路都困难重重？为什么别人的人生闪耀着赢家的光环，自己的道路却曲折坎坷？难道“岁月静好”真的是奢求？为什么有些人的运气那么好，一路攀升如同股市里的“涨停板”，轮到自己却举步维艰？

资源和机遇仿佛都靠近那些不断取得进步的人。这是正向循环使然。信誉是一个人的品牌，当这一品牌效应发生作用的时候，他们头上自然就产生了光环，且光芒万丈，势头迅猛，不可阻挡。

而事实上，没有人可以不劳而获，如果真的深入了解，哪个人没经历过挫折？苦难是一个人的宝贵财富。

在我家乡所处的地级市，考公务员是很多人的追求。毕业的时候，堂姐跟我说：“你还年轻，还能多考几年公务员。”记得大学在律所实习的时候，几个师兄弟都把复习考公务员当成“正事”，而把律所要求的写合同、做法律检索之类的工作排在次一级。

公务员当然有好的一面。记得我在律所的时候，做过SWOT分析，论证成为公务员的利与弊、风险与机会。公务员好在稳定和旱涝保收，可以实现“家、国、天下”的人生理想，且不出大错就不会被裁员。但是，因为性格不同，不是每个人都适合。

而且，公务员又怎么不辛苦？人际的圆融、工作的重压和责任使命，让每个公务员每天都紧锣密鼓。既要有高智商和高情商，也要有顽强的毅力、精力和体力，还要有公益精神、敢于担当。

同学的表妹活泼开朗又有点自由散漫，为了编制考了两三年，各种事业单位招考、公务员考试都报名参加，进过两次面试，却都以失败告终。一筹莫展的她最终放弃，复习托福，苦练英语，申请到美国名校的硕士。

这何尝不是更好的选择？

谁知道当下放弃的，不会在将来某天以其他方式得到？而得到的，说不定又在未来的某天放弃了。

世事无常。正如周润发、陈道明等大腕明星都经历过默默无闻的跑龙套阶段。眼前那些所谓的成功人士，曾经的辛酸血泪、坎坷波折，可能超出很多人的想象。用自己的眼光去度量他人的辉煌或寂寞，本身就是不客观也不理智的。

记得有次咨询大学老师，如何进行职业定位与选择。他说，每个人的性格不同，适合自己的才是最好的。我问，怎样才知道自己适合什么？他说，你可以尝试，但也要知道生态圈的规则。

无论在哪个行业，都要经历一些尝试和选择。当你知道自己的性格倾向、特长爱好和喜欢的生活方式之后，在特长领域发掘一番，求得更大的潜能发挥，才知道自己究竟适合什么职业。

每个人都像一座冰山，也像一个宝藏，只是属性不同。找准属性的人生，可以一日千里，迅速成长，且乐此不疲。如果找不到合适的位置，不仅不会快乐，还会每天备受煎熬。

那么，坚持不懈考公务员的朋友，为何不从找个公务员单位实习开始？看看自己到底是不是喜欢，再决定奋斗的方向也不迟。

如果真的热爱，愿为国家做事，实现理想抱负，就去备考吧。因为不管怎么坎坷曲折，都是值得的选择。

如若不然，不如趁早改换目标。人生苦短，何必把时间浪费在不喜欢的事情上呢？从来都没有一劳永逸，只有避重就轻的人不断给自己的懒惰寻找借口。

成长砝码

每个人都是独特的存在。选择大于努力，要找到自己适合的位置，需要时间，也需要尝试。有时候，恰恰是在行动中，才会发现真正的爱好与特长。一打纲领不如一次行动。与其坐而论道，不如现在就着手写下自己的心愿，并逐一落实，在实践中检视并重新评估自己的价值。直面内心的声音，追随心的选择，为热爱的事业义无反顾地投入时间和精力，而不是亦步亦趋跟随他人的脚步，盲目听从，失去自我。真正的稳定，是在岁月的长河中保持初心，驰而不息地付出，沉醉其中，感受到过程的快乐。

不必完美，但不放弃对完美的追求

音乐家威尔第曾被问道：“你被认为是19世纪最重要的歌剧作曲家之一，是一个名人，在如此高龄还从事创作歌剧这样的艰巨工作，是不是对自己要求太高了？他回答说：“我的一生就是作为音乐家为完美而奋斗。而完美总是躲着我，我当然要去追求完美。”

正忙着，邮箱提示“叮咚”响了一声。我打开手机看，是经济学硕士导师给我发了邮件，针对硕士论文提出了修改建议。再细看，这个文档里的每一句话，用词、表意，甚至是标点，老师都给我进行了润色和修改，而且加了很多批注。

我甚是感动。因为论文导师是学院分配的，而且跟随老师的时间很少，没有长期相处的情分。老师给我如此悉心的指导，让我颇为意外。转念一想，也许这正是一个老师的完美追求——认真对待每一个学生，严谨对待每一篇论文。他在邮件末尾，希望我根据修改意见认真打磨，争取论文答辩获得一个好成绩。

无独有偶，我想到以前的一位领导。她也是如此用心地指导下属，每份文件都逐句修改，用修订模式，让人对她所做的修改一目了然。对新人而言，这种提点让人进步飞快。虽然初入职场的时候，大家都是没有实践经验的学生，但经过几年的历练，由于跟随的师傅不同，出来的样子已有天壤之别。

“止于至善”是一种品格。

在部门组织的演讲比赛中，肖亮斩获第一名。几个晚上，他在骑自行车的路上，都顶着寒风大声朗诵，把1000字左右的稿子背得滚瓜烂熟。

程曦准备税法课件的时候需要咨询一个问题。经朋友介绍，一位从税务局离职的律师愿意给他提供帮助。出人意料的是，这位律师不但对程曦提出的问题进行了详细的解答，还介绍了这个问题的来龙去脉，列出了相关的法条，并整理了当前的最新探讨和疑难困境。

这大概是一个人的路越走越宽的秘诀。敬业精神在一件件不经意的小事中流露，职业形象和口碑也通过这点点滴滴积累。

《向前一步》的作者谢丽尔·桑德伯格曾经写道："完成，不要完美。"她针对的是成为母亲的女性，提出在面临生活与工作的重压时，适当对自己宽容一点。

尽管可以不完美，但不应该放弃对完美的追求。一场求索的苦旅，不仅可以让自己取得飞跃和提升，还能带动和影响身边的人，或者至少提供一种审美方式和品鉴力。

我曾经参加一次培训，授课的资深教授说，如果我是你们，在这里的每一秒钟都不能虚度和浪费。有同学唏嘘，这样严苛的要求会不会给自己和他人造成压力。可在我看来，这种高度的自律，既是自我激励，也能对身边的人产生鼓舞。

追求完美是一种精神和态度。有次讲座，一个台湾教授说自从知道另一个教授每天早上 5 点起床读书写作后，他每天坚持 4 点半起，一天阅读和写作的时间保证在 8 个小时以上。日积月累，积小流而成江海。清晰的思辨能力和准确的表达能力，又何尝不是千锤百炼地磨砺而成？正如《哈佛凌晨四点半》中提到的，尽力而为还不够，成功需要的是"竭尽全力"。

大学自习室里，多少个夜晚都是灯火通明？工作中，哪个新人不是从基层起步，不断充实自己，进而在思考和锻炼中增强能力？几十年人生的成就，源自执着不放弃的追求。有位知名法学院的教授，在我听他的课的时候，他还是讲师。那时，他的每次课都是一座难求，教室过道里挤满了人，甚至教室前排和后排都被围得水泄不通，如果来晚了，甚至连站的地方都没有。听了一个学期，我发现他对理论问题的每一个知识点都梳理得非常清晰透彻，认真备课，不放过任何一个细节，而且能举出生动的例子，让学生一听就懂。一块块砖瓦的扎实积累，造就了学生对一个庞大学科体系的精准知识建构。上课的时候，这位老师经常讲得满头大汗，认真、敬业，让每个听讲的学生受到知识和人格的双重洗礼。果然，没过10年，他已经从讲师晋升为副教授、教授，如今已经是博导和副院长了。

鹅卵石和满天繁星，各有各的精彩，无论高低贵贱，都有着自己的责任。我们不能选择起点，但可以选择永远在路上，选择克服惰性，根治痼疾，通过修习获得身心的成长。如果每天都扎实地进步一点，搞懂弄通一个小问题，学会一个新技能，或者帮助一个人，幸福感又怎么会远离？

超市里的有机食品常常被打上标签，新鲜，却有保质期。与之类似，一个人的知识储备也容易过期。本科之后的3年，研究生之后的5年，也许还能吃老本，那么再往后呢？知识总是不断地推陈出新。但如果秉承一份匠心，永远保持海绵吸水的状态，再高的山峰也终将被征服。在用心努力的过程中，成长与成就相伴，该是何等惬意潇洒！随之产生的还有不断克服困难的勇气、积累而来的信心、金字招牌的口碑，以及能量场相近、惺惺相惜的同行者。

打开文件，我开始按照老师的指点修改硕士学位论文。在文字里遨游也是一种旅行。无论是步履维艰还是蹄疾步稳，前进的快乐，总胜过漫无目的地虚度时光。

成长砝码

细节决定成败，从60分到80分是完成积累，而从80分到95分则是完成质的飞跃。我们常常不是停止在积累阶段，而是因为最后一刻难以坚持而止步于制高点之下。虽然事情难以尽善尽美，但我们应当保持精益求精的态度，秉持“止于至善”的追求。追求完美是一种精神，对待事情认真严谨、细致周到是一个人优秀的品质。做可靠的人、成就事情的同时，收获的是自身的成长，让自己思虑更加周全，心思更加细腻，心境更加平和稳定。而做事沉稳也将为自己赢得更多的信任，得到大家的认可，开辟更宽广的道路。

专长当精深，涉猎须广博

诸琴本科学的是政治学。毕业后，她在一家外语培训机构做销售经理。从事的工作与所学专业并不对口。与朋友聊天的时候她感慨：“我是所学非所用啊。”

廉威是一位年轻律师，法学院毕业后进入律所，在私募股权投资领域深入研究，每天下班后都在加班，读书和阅读相关文章，工作兢兢业业，用了一年半的时间，就已经成为律所的翘楚。

林嘉研究生学的是经济法，考入法院后被分到刑事领域，她用了3年时间，又在刑事方面刻苦精进。可当她小有心得的时候，又被分到研究室。她在研究类案裁判标准的时候，用上了在刑庭工作期间的经验和心得，之前的积累不但没有浪费，反而对现在的工作大有裨益。

肖敏在研究生院做团委书记。他在朋友圈更新了一条消息：“值班时还有年轻的校友想到回来看看我，做个职业规划咨询，甚是欣慰。”他给很多年轻学子修改过简历，并帮助他们进行职业生涯规划。在他看来，对于职业发展，所用为所学最好。如若不然，也得尽早选择一个行业，扎根下来，做些踏实的积累。

有个一万小时定律，是说如果一个人在一个领域里深耕一万个小时，就可能成为专家。有时候，因为工作的安排和变动，长期锁定一个专业领域并不容易顺心遂意。但无论外界如何变化，如果自己保持观察、学习、敏锐捕捉和深度思考，那么变化的只是岗位，丰富的知识积累还在，专业能力不但不会减弱，而且会在融会贯通中实现爆发式增长。

人生难免遇到几次转折，但只要职业领域的大方向不变，所做的积累都能丰富自我。记得大学选专业的时候，我所在的学院可以先修两年通识课，后两年再进入专业学院深造。有很多同学进行了尝试，选修了各种不同的文科类课程，希望深入了解之后再锁定目标。在大二下学期选专业的时候，80% 的人选了金融和经济，只有少数同学选择了法学、社会学、文学和哲学。如今，当年选择金融专业的同学多数在金融机构工作，只有少数的转行。

法学专业也是如此，大部分毕业生进入了公检法系统，一部分选择做律师，还有的在公司担任法务，另外有少数的转行进入影视传播、文学创作领域。比如燃爆票房的电影《流浪地球》的导演郭帆，曾经就是法学学士。

新年假期，本科学电气自动化的岳斌与自己的同班同学小聚。虽然大学学的是一样的专业，如今大家却分布在各行各业。有的在部队从事技术工作，有的在电网，有的转行做了金融。聊起来发现，本科是工科类专业的，转行做金融的特别多，而且都发展得不错。就连在清华读完博士生、研究导弹制造的同学，毕业后也到一家金融机构做量化投资。这些转行进入投资业的同学，再回归工科的可能性就很小了。

换专业并非不好，但需要尽早找到自己的兴趣点。所学非所用的现象可能是由于本科选专业的时候，我们年龄还小，懵懵懂懂，多半听从了父母师长的建议。而随着社会转型、经济发展、文化多元化，毕业后求职的机遇，以及在工作岗位上的具体业务安排，专业很容易发生改变。曾经在本科、硕士、博士阶段所学的专业知识可能在工作时得不到运用。

但这并不影响我们的职业发展。

广博也是种优势。比如在一家律师事务所从事知识产权专业的律师，有的本科是学化学的，有的是工学博士。这反而会让他们在知识产权行业具有别人不可比拟的优势，在事业上得到更好的发展。

根据脑科学的原理，人的大脑有无数神经元，越是经常联系思考，脑子越是活络，而创新也常常是在思想火花的碰撞中产生的。我自己在一次论文比赛中获奖的文章，就是引入了一个交叉学科的知识，将心理学和法学相结合，用联系思维提出自己的见解。

著名管理学家德鲁克在20岁时，为法兰克福最大的一家报社工作，做金融和外交栏目的新闻记者。一个记者必须撰写各种题材的报道，所以他决心掌握许多领域的知识，至少做一名胜任工作的记者。

他用下午和晚上的时间学习国家关系与国际法、社会和法律制度史、历史和金融等。在后来的人生中，德鲁克逐渐养成学习的习惯，并且持之以恒。

每过三四年，他就选择一个新的学科，例如统计学、中世纪史、日本艺术、经济学。要精通一门学科，3年时间的学习是不够的。不过，要了解一门学科，3年的时间就足够了。

60多年来，德鲁克坚持一次选修一门学科。“这种学习习惯不仅为我打下坚实的知识基础，而且迫使我接触新学科、新学说和新方法，因为我学的每一门学科都有不同的假说，并且采用不同的方法论。”

人生就是一次次起航、探索、满载而归，进而清仓、再出发。早点锁定专业领域，成为一个行业的专家，更有底气和资本；而广泛涉猎，不仅不会弱化专业，而且会促进专业创新，拥有更多的知识，辅助自己更全面、立体地认识世界。

成为专家和成为通才并不矛盾，而是相辅相成的。无论是人文学科还是自然学科，在生活里多些交流互动，说不定会有意想不到的收获。毕竟，人知道得越多，眼界就越宽广，心态就越平和，认知就越清晰。

成长砝码

专业让人在特定领域里具有更扎实和系统的知识，长期的钻研让一个人具有深厚的积累。而广博的人通常涉猎广泛，具有丰富的想象力和创造力。专与精，在一定程度上难以兼得，但在更高的层面相辅相成。就像人文社科与自然科学在终极层面是相通的，有一技之长和兴趣广泛并不冲突，而且能相得益彰，更有利于一个人的成长和进步。专业会帮助自己具有更系统的思维，而海绵吸水般的学习，能提升综合素养，让自己的知识结构更全面。以专业为原点，扩大博学的半径，人生之圆将更加饱满。

良好的教养是无价之宝

大剧院里，音乐会正在上演。我的左边是一家三口，小男孩歪坐在席位上，不时挪动身体，发出声响。男孩的妈妈在一旁不时地提醒他，场面有些尴尬。男孩坐不住，一会儿东张西望，一会儿闹着要走。看样子，这个男孩已经有十多岁，而他妈妈看上去很年轻。他的爸爸穿得比较休闲，对这母子俩的言行不管不问。

小孩子的举动让我有些不满，心想，这个孩子可真骄纵，而难免想到这对父母的家教。如果家里纵容，疏于管教，外出时的任性也就不足为奇。

邻居家的小孩，天天被父母逼着弹琴，于是我时常能听到隔壁断断续续的琴声和吵闹声。可能很多孩子也是被父母这样强制管教的。多学和多艺就一定能提高教养吗？

记得同一个办公室的袁姐的女儿，有次来到单位，彬彬有礼，跟大家问候，举止非常优雅，既不局促、拘谨，也不张扬。她临走的时候，也是跟大家温文尔雅地道别。袁姐后来在聊天中说，她从女儿小时候就注重待人接物方面的培养，家里来了客人，无论学习再忙，都得出来打招呼，而且要帮助端茶倒水，知道待客礼仪。

单位新来的小宋，开始工作的一个多月，都不跟大家说话。办公室的徐哥私下跟我说，这个小姑娘怎么一愣一愣的。我留心观察她，发现在迎面相逢的时候，她总是低着头，不直视对面来的人。想跟她交流，却不知该如何开口。

而另外有个小姑娘，虽然我至今叫不上名字，但每次跟她迎面相逢的时候，都能感受到她的微笑。如沐春风般的愉悦，让我总是愿意多看她一眼，印象颇为深刻。

才华和知识固然重要，但为人处世的基本礼仪，世界观、人生观、价值观的正常和正确，应该是一个人的基本素养。

闲暇的时候，我喜欢看朋友的微信签名。大学班长的签名让我印象深刻：“做个温暖的女子，不浮不躁，不卑不亢。”

还有个男同学，在银行做行政工作，他的签名是“败人两字，非傲即惰。建立自我，追求无我”。

有位公务员朋友，签名是“守正笃实，久久为功”。

这些签名蕴含着一个人的处世理念与行为信条。

曾经有位朋友和我交流，说他觉得世界是怎样的并不重要，重要的是你要做怎样的人。而人际的和谐，在工作数年后，我体会尤为深刻。拥有积极的心态和正能量的人，他人与之交流、相处都能非常融洽。经过这种正向循环，每个人的心态都越来越积极，就能保持美好的状态。相反地，若是人际关系处理不好，心中有结，孤立无援，那么不仅工作无法顺利开展，连情绪也会受到影响。

单位里有个姑娘，我非常欣赏。不仅是因为她处理工作利落高效，更因为她为人的时候不带锋芒，与她交流，感觉格外舒畅。而她会在朋友圈里偶尔发自己的日常，做陶艺、画画、练习书法，到海滨旅游，日子过得有滋有味。

有光芒而不耀眼的姑娘惹人爱。

时常在想，教育到底教给我们什么？是知识，是学习的方法，是思考的习惯，还是德行？无论每个人怎样修炼，我想美德和品行都是首位的。

记得在美国留学时，有一门课程，叫作“美好生活”。这是一门讨论课，每节课 10 多个同学和老师一起围在圆桌前，探讨的多是身边不起眼的小事，比如爱因斯坦和一个园丁哪个贡献更大、更快乐？如果有一个机器可以带给人快乐，那么投入生活还有没有必要？体育的意义是什么？为什么要工作？爱情能带给人什么？一学期下来，看似“无用”之课，却最让人感到亲切和获益。我们探讨的是伦理、哲学，以及看似平常却有大用的人生话题。

毕业后很多年，我反而觉得知识渐渐被遗忘，对美好生活的探讨与伦理的思索，却发挥着持久的影响力。

教育是一场启发人心智的经历。若说生命是一条流淌的河，是一支离弦的箭，那么险滩暗礁与疾风呼啸都是必经的，挫折与坎坷难以避免。但经过教育熏陶的人，能面对风浪泰然处之，在任何一段经历中发现快乐和满足，抵抗岁月的乏味和粗粝。在心灵美好的人眼中，无论绿肥红瘦，都充满色泽与光彩，无论得到还是失去，皆是风景与风情。

修炼一颗饱满富足的心，美妙之处在于，无论喜怒哀乐，都可以安之若素，多少风雨雷电，多少疲惫烦忧，多少生离死别，都经过美好心灵的浸润，化为云淡风轻，定格成美丽的画面。就像断臂维纳斯也成为经典，阴晴圆缺，绿肥红瘦，都充满诗意和美。

有一篇题为《请一定告诉孩子，这才是真正的贵族精神》的文章中写道：“就算吃酱油拌饭，也要铺上干净的餐巾，优雅地坐着。把简陋的生活过得很讲究。”“笑容、优雅、自信是最大的精神财富。拥有了它们，你就拥有了全部。”

不浪费的用餐礼节，守时不迟到的自律原则，遇事三思而后行的冷静与沉着，依靠自己而不贪便宜的处事习惯，大度、宽容、谦和的为人之道，看似都是细节，也许不能马上带来成功，却能让他人如沐春风，让自己的前行之路洒满阳光。

茶满堂，香四溢。教养，从来都不是一蹴而就的。想起音乐厅那个坐立不安的小男孩，外人看到的一时的表现，不知是多少个日夜的宠溺积累而成；而办公室袁姐那个彬彬有礼的女儿，也一定是潜移默化多年才养成良好的习惯。生活里的优雅和落落大方，如同枝繁叶茂的绿树，这背后潜藏着心灵与品位的熏陶、意志品质的砥砺、日复一日的提醒和纠偏，以及永不停歇的学习与反思。这才是一个人良好德行的来源。

成长砝码

教育改变一个人的心态和气质。一举一动都透露出我们接触过的人，读过的书，经历过的事。修养是一生的功课，有修养的人抱朴守拙，光而不耀，驰而不息，久久为功。良好的品德是心灵的汩汩清泉，荡涤杂质，留下美好。家庭教养固然重要，在进入社会后的自我提升也必不可少。在工作和生活中，向优秀的人学习，不断修正缺点，成为更好的自己。静坐常思己过，闲谈莫论人非，多阅读与思考，修身养性，日积月累，就会散发出由内而外的持久魅力。

王牌专业还是王牌学校

好友小董来咨询我，进修学习选什么专业好。她本科学的是英语专业，准备读在职研究生，犹豫该选择法律硕士、公共管理硕士，还是工商管理硕士。

而同时，她也面临学校的选择。有专业顶尖但综合排名不强的学校，也有综合排名和专业排名都靠前的学校，还有出国这条路可以选择。

我不由得想起自己当年高中保送上大学的经历。那时候，我们可以选择去外语类的大学，比如北京外国语大学、上海外国语大学、广东外语外贸大学，也可以选择综合类大学，比如北京大学、清华大学、浙江大学、南京大学、武汉大学、山东大学等。如果去外语类学校，可以选择非外语专业，如北京外国语大学的新闻学专业、国际贸易专业、法学专业等，但是如果选择综合类大学，大概率的情况是被安排学习外语专业，只有极少数情况下可以选择非外语专业，如清华大学的人文科学实验班，又如浙江大学的竺可桢学院。而且，如果进入这些综合大学，能学英语都是难得的机会，多数学生只能选择小语种，若是德语、法语还好，还有些不得不学朝鲜语、阿拉伯语、菲律宾语等小众的外语专业。

那时候，同学们时常凑在一起商讨保送报名的情况，到底是选择综合类大学的外语专业，还是外语类大学的非外语专业。这成为很多同学的困扰，在选择时感到纠结，因为保送机会只有一次，一个人只能报考一个学校，如果考不上，失利了，就还得面临高考。顶尖大学如北大、清华的竞争非常激烈，而外语类大学名额多，所以成功的概率相对大。

多年后再回首，我虽然为当年放弃北大、清华稍感遗憾，却也并不后悔。因为如果选择了北大，要学小语种，英语没得学；如果是清华大学，要去人文社科实验班，学习文史哲，毕业后可能还要换个专业再攻读研究生。但是，当年去北大学习菲律宾语的同学，本科毕业后读了哲学的硕士、博士，如今在一所大学任教，而且找了北大的女朋友，听说是某个省的理科状元。当年选择清华大学人文社科实验班的同学，研究生阶段学习了法学，后来在一家地产公司做法务工作。还有一个朋友保送到清华大学的新闻学专业，研究生去了香港，后来又到美国的一所名校攻读博士，如今在美国一所高校任教。

因为当年的选择，每个人有了不同的发展路径，但也都成就了自己。有次和一个校友交流，她说虽然我们现在走了不同的道路，但她相信殊途同归。是的，尽管当年选择的专业不同，但如今经过硕士、博士的几重历练，专业发生了很多再选择，甚至换到与当初所选专业完全不同的行业。

想来，这也难免。毕竟一个人的兴趣爱好，随着年龄的增长和职业的变化，会发生一些变化，而且随着成熟定型，很多潜质才会渐渐浮现。了解自己是很难的，我不否认很多人在很小的时候就知道人生的方向，不迷茫。但是我身边也有很多同学，是在大学毕业很多年以后，才逐渐发现自己的特长和性格，而这又是经过很多次尝试和波折之后才逐渐清晰的。

回到文章开头提到的那个朋友，我给她的建议是，国内的专业硕士如法律硕士、公共管理硕士、工商管理硕士都非常好，值得一读，也能在就业的时候成为一笔资历；但是如果经济实力允许，去英国留学，用一年的时间读出硕士，也许是更划算的选择。在留学过程中不仅能学到专业知识，而且有机会接触到异域文化，对自己的见识积累和视野开阔会有很大的帮助，也可以结交一些真正的朋友，对未来的发展都是非常有益的。当然，要努力申请好学校，因为国外的学校水平参差不齐，名校聚集的还是素质相对较高的学生。

她听了我的建议，去准备雅思了。面对她的最后一个问题，我给的答案是，抓住最有把握、最可能成功的那一个选择。她的问题是，选择教育学专业，还是选择新闻学或公共管理？我说如果是我，会选择教育学。因为她明确了自己的理想，是读完硕士再读博士，之后进高校做教师。那么，教育学无疑可以帮助她积累知识和素养，而且与新闻学的前置专业要求相比，教育学对本科专业的要求更宽松，本科学英语的她，更容易申请到这个专业的硕士。同时，教育学的内容与新闻学、公共管理等相比，相对简单，更容易拿到学位（当然，这是针对她的个性和能力），先迈上硕士这个台阶，再读博士，如果那时发现更感兴趣的专业，再调整方向也未尝不可。

王牌学校还是王牌专业？有人选择王牌学校的冷门专业，却走出辉煌的道路；有人选择一般学校的热门专业，发展却遇到白热化的竞争。当年看上去的热门与冷门，未必决定未来的走向。在我看来，每个人的路都是自己走出来的，都独一无二。名校可以带给人更多的资源，好专业能带来就业时的机遇，但随着时间的流逝，起点的刻度会渐渐弱化，**最终帮助一个人脱颖而出的，是内心永不磨灭的信念，是追求理想与希望的火种，是坚韧不拔的意志品质，是善于观察、学习和思考的良好习惯，是日复一日永不停歇的进步。**

“合抱之木，生于毫末；九层之台，起于累土；千里之行，始于足下。”有些人走着走着就停下了脚步，而有些人还在不停奔跑。于是，很多年后，他们的处境已截然不同。

成长砝码

在名校和好专业之间，我们常常难以兼得，面临选择。如果能读好学校的好专业自然是最理想的，如果只能择其一，好学校带给人更多的见识，接触到的人和参加的社团都是顶尖的，而专业知识的课本内容大抵相似，好学校的老师带来的是更多的见闻与思索。在名校，如果专业不理想，可以通过选修第二专业等方式学到相关知识。在复合型人才越来越受欢迎的当下，专业已经不再是唯一的考虑，我们更要考虑资源的丰富程度、成长的机会与空间。

从容的背后是时间管理

曾经圈内有位朋友很有成就，在繁忙的工作之余翻译和撰写了大量的著作。他说自己的积累与收获来自勤奋，更来自出色的时间管理。

讲时间管理的书不少，较为经典的是美国的阿兰·拉金的《如何掌控自己的时间和生活》。我也听过一些线上讲座，有职场大咖分享自己的时间管理方法。而经过总结，再辅之以自己的生活实践经验，我认为比较实用的原则有6点：

1. 寻找自己的“黄金时间”。与朋友交流，发现每天总有几段时间精力充沛，注意力高度集中，效率颇高，却也有些时候懈怠疲倦，不想做事。我将前者称为“黄金时间”。有些人的“黄金时间”在早上，比如我的一位老师，就是每天5点半起床，到楼下花园锻炼身体，6点半左右开车到单位，7点到8点处理工作，到8点半之后，大家都到达的时候，他已经高效地处理了很多任务。也有些人的“黄金时间”在晚上，比如我自己，通常都是午夜时分格外清醒，在宁静的夜里，思绪高度干净清爽，状态格外平和，很多思辨类的文章在这段时间写，更有条理，也更经得起推敲。而午睡起来的时间，记忆力最好。早上朝气蓬勃，节奏较快，则处理有挑战的工作。

每个人的“黄金时间”不同，具体的时间划分，要根据自己的状态和习惯进行调整，但劳逸结合是必要的。比如我某天写作之前感到有些倦怠，但泡了杯茶、整理了工作空间，戴上耳机打开舒缓的音乐，调整好台灯的位置，等一切就绪后，状态就自然好了起来。

2. 分出轻重缓急。我不喜欢等待和拖延。如果有些小事情能立刻解决和处理，就不浪费时间。比如逛街购物，既然花了时间，就要买到想要的东西，如若不然，还不如在咖啡馆休息一下。逛淘宝店也是一样，既然花了时间来选择和对比，就不空手而归，否则想买的东西没有到手，还得再花时间来淘，这次的时间就白白浪费了。我时常计算着这些点滴时间，保证每分每秒都得到充分利用。等电梯的时候，如果有两个区域都有电梯，我想下行，而一个电梯正在我所处的楼层之上攀升，那我会果断地走一段路，选择另一个区域的电梯等待，有可能会节省等待时间。如果一次需要到几个楼层办几件事或递送几份材料，我会一起拿着，从低楼层到高楼层依次去跑，从而不必再往返办公室。统筹安排的结果是争取到更多自由的时间，可以休息和处理其他事情。

3. 巧用清单节省精力。我习惯用任务清单软件列出待办事项，在事情如潮水般涌来的时候，手忙脚乱很容易遗忘重要的时间点。通过软件设置日期和时间提醒，把任务进行有效标注，这样只要打开手机就一目了然。体会最深的是还信用卡和贷款，有时候时间匆匆流逝，每天的日期还要看看手机或电脑才能想起来，如果没有软件提醒，很容易错过还款日。而有了软件的帮助，我几乎不会出现逾期，这对于信用管理也很有帮助。而且，通过在任务清单设置优先级别，可以有效划分非常紧急和不太紧急的事，而列了一系列的事情，做完一个就勾掉一个，看着清单上的任务一项项减少，能让人产生成就感。

4. 提前一点。工作中有很多截止日期，我习惯把事情往前安排，让自己拥有更多的主动权。不把任务堆积到临近截止日期的时候，就不必强迫自己熬夜和加班，可以有效避免紧张和焦躁。当这种从容成了习惯，我已经很难体会到被时间追赶和压迫的窘迫。提前一点，不仅体现在做事情，也体现在赶火车和飞机，以及与朋友聚会。我的习惯是从不迟到，无论风雪天还是艳阳天，提前规划好路线，预留出灵活机动的时间，哪怕到了目的地再等一会儿，也胜过因堵车和各种原因产生的被动。如果实在不能保证时间，开始的时候就要说明情况，并不做承诺。但如果定了时间，就要保证严格守时，在每次约见都至少提前 5 分钟到。长此以往，与我相约的朋友也能感到被尊重，从而积累信任。

5. 告诉自己“正式开始”。不知朋友们有没有这样的体会，当环境杂乱不舒适的时候，做事情也有种“临时感”，就仿佛是应付和凑合过这段时间，才开始真正的阅读或思考。而如果能调配好外部环境，就能充分利用时间。把桌子整理干净，倒上一杯温水，调适好台灯的光线，准备好充满电的手机和耳机，开启轻松愉快的音乐，屏蔽外界的干扰，我告诉自己，即将开始一段真正的思考过程。在这段时间里全身心地投入，不受到任何干扰，格外高效专注。每天哪怕再繁忙，我都会给自己预留出一段独处的时间读书、写作。在一个人的时间里，如同手机充电一般，能量从弱到满格，安静下来的每分每秒都充满幸福感，而在这样的状态里，思路更加明晰，产出的作品也较多。

6. 将任务化整为零。当一段任务繁重的时候，我经常把大工程分解为小部件，从而化整为零，融入每天的生活。比如在网上报了一个培训班，每天都听一点，日积月累就听完了。又比如要写 3 万字的硕士学位论文，每天写 1000 字，一个月的时间就能完成。任务分解后的关键在于坚持执行。如果定下人生的大目标，不妨按照年龄给自己一点计划，25 岁的时候到达什么阶段，30 岁、35 岁又分别该到哪里。有了这些计划，再适时调整，可以让发展更有规划。我习惯制订年度计划和月度计划，给自己一些小目标，如同登山，一层层、一段段，有攀登也有休整，到了一定的程度，回首望，已经离起点很远，而离终点越来越近。途中的淙淙山泉、满天繁星，是行走过程中的风景，更是岁月的馈赠。只要坚持不停步，再遥远的路途，也终将被脚步丈量。

时间如流水，无论我们怎样过，每天都是 24 个小时，不多也不少。除去休息的时间、有惰性不想劳动的时间，剩下的精华时间很少。**对待时间应当像珍惜贵如油的春雨一般，尽可能压缩闲散时间，避免浪费，充分利用碎片化的时间做小事，在整段时间完成大任务。累了就休息，因为如果不能享受过程，自己体验不到幸福感，产出的作品也不会美好。珍惜好状态，专注投入，往往事半功倍。更有效地掌控自己的时间，走在时间前面，而不是被时间追赶，才能更好地享受奋斗的乐趣。**

成长砝码

时间管理是一个人成就一番事业的必备能力。我们最富足的是时间，最稀缺的也是时间。关键是要树立目标，进行合理的规划，将复杂的任务进行拆解，化繁为简、化整为零，并坚持落实。列出待办清单是一个好方法，设置好每天的任务量，注重实践中的可执行性。劳逸结合，才能提高工作效率。及时抓住点滴的时间，善于寻找自己的黄金时间，让时间追上我们前行的脚步，而不是被时间牵着走。通过对时间的有效管理，提升生活品质，掌握主动权，让问题迎刃而解。

出国深造有必要吗

回国的人越来越多。随着回国潮的到来，许多尚未出国的人对是否需要出国深造产生了疑问。

出国深造有必要吗？如果说过去想出国的人，是抱着在国外定居和长期发展的想法，那么今天的年轻人多半是想出去看看世界，进行国际化的交流，学习国外所长，进而帮助自己未来的发展。

我身边出国留学的朋友，去美国的，理工科学生留下的较多，文科回国的较多；因为移民政策的缘故，到加拿大、澳大利亚等国定居的较多，在德国、法国留下的也不少，而在英国、日本的则多数都回国了。

回国的同学面对就业市场的竞争，有海外留学经历的，相对受一些大企业的欢迎，但不绝对；在中小城市发展的，海归资历似乎只是为学历增添了一笔亮色，而在实际工作内容方面，与国内毕业的学生并没有太大区别。相反地，在国内一些名校或者当地学校读研究生的学生，在校友网络和人际关系方面，似乎还更有优势。这也不是绝对的。

许晨在澳大利亚一家名校读会计学的本科，回国后先到一家大型会计师事务所工作，后到一家资产管理公司，做的业务并不高端，接触的多是当地客户。因为接受了国外的教育，他格外独立，有自己的想法，不愿听从家里的安排。他表示，如果当年在国内读会计学专业，未必不好。出国学习与国内本科学习相比，在专业知识方面没有太大区别，若是在国内，不仅可以省下巨额的开销，而且可以尽早适应中国社会。

记得前几年有部电视剧很火，叫作《小别离》，讲的是三个家庭环境不同的北京初中生，面对出国潮的思想变化和道路选择。如今不仅在北京，在其他城市，出国低龄化也成为潮流，很多家长不忍心孩子经受在国内拼高考的辛苦，而早早地送孩子出国。有不少家庭条件并不富裕的父母，也在做这样的打算。

我在国内读了本科，本科期间参加过几次国际交流，到国外读了硕士。根据我个人的体会，国外学校本科阶段的启发式教学和丰富的通识课程，是国内很多学校的本科教育所达不到的。研究生阶段也是如此，除了专业知识的教授，还有很多人文社科类的课程，对人性的修炼和思想的启迪都有很大的帮助。特别是国外的一些名校，对人文素养的熏陶、公益精神的培育都非常重视。

当然，国内的很多学校也开设了许多通识课程，但相较国外学校的普及程度而言，国内还做得远远不够。而且，因为就业压力和未来的打算过于明确，很多国内的本科生在进入大学后，就开始准备复习考研、考公务员、考托福、雅思或是 GRE，找实习，为自己的深造做准备，有些功利化。而国内的大学老师，也有一部分在忙自己的事情，给学生的时间不多。

在美国的研究生课程里，我学过一门 Transactional Drafting（交易写作）。这门课程的实践性很强，老师不仅讲授写作方法，还布置很多练习作业，我们在课下要撰写合同，再与老师预约时间，进行一对一的修改和辅导。每次辅导的时间都在 20 分钟以上，经过一次又一次的练习和修改，同学们撰写交易文件的能力大大提升。

而在国内的法学院，这样的实践课大概只有本科四年级的“法律实务”“法律诊所”，但老师给每个学生一对一辅导的机会也不多。

不过，国内大学的教育近几年在借鉴国外方面下了很大的功夫，也向前走出很远的距离。读国外的大学，不仅对经济条件要求较高，毕业的难度也较大。如何选择，还是因人而异的。

无论是拼高考，在国内读国际班提前准备出国，出国读高中进而申请国外的大学，还是从孕产开始就计划到国外生子，从而让孩子享有外国籍，再回国读私立学校，都各有利弊。毕业后留在国外是一种选择，回国发展也是一种选择，还有一些人在国外待了很多年又回国。怎样选择，不仅要看个人的志趣、专业和未来的职业定位，而且要破除贪恋安逸的想法。因为在国内固然辛苦，在国外发展依然竞争激烈。若是为了成长，在哪里都有肥料和土壤；而若是为了逃避，那么在任何一个地方，都不会获得长久的安定。

中国有中国的问题和解决之道，国外有国外的发展和变化。与出国和留在国内的选择相比，选择不断成长、丰富自我、增强能力，永远都不会错。提前做好多方面的准备，再根据届时到来的机会综合权衡而做出决定，未尝不是更好的选择。

成长砝码

出国留学要考虑较多的因素，比如外语能力、经济实力、时间精力、家庭支持等。如果能做好准备，留学会带给人不一样的视野和收获。而且在学习过程中可以结识更多的朋友，开拓自己的交际圈。国外的工作与国内的工作环境差异较大，要尽早找好定位，无论是留在国外还是回国，都要考虑清楚得失。在国外工作可能会错失国内的职场积累，如果打算将来在国内发展，不如尽早回国。也有一种方式可以两边兼顾，做与中国相关的工作，发挥差异化竞争优势。

Chapter 2

第二章

精心处事，聪慧的你面面俱到

从点滴小事做起，细微之处见功夫

金璇在单位的办公室负责对外联络和外事接待工作。外联工作不仅是单位的门面，而且是单位的窗口，很多重要的信息都由此传递出去，因此沟通的技巧格外重要。

刚到岗的时候，金璇对工作还不熟悉，就从观察和学习开始。李楠的言谈举止给她留下了深刻的印象。

在一次接待前，李楠拨出电话："张老师，是这样的，我们正要举办一个活动，想请您来指导工作，您看时间是否方便？"对方答复后，李楠接着回应，"哦，那好啊，张老师，您来了直接跟我联系就行。那不打扰您了，您先忙。"

活动中，来宾给李楠送了小礼物，李楠将礼物上交给了部门领导。接待结束后，他又给对方发短信表示感谢，并希望对方继续关心和支持单位的工作。

潜移默化，耳濡目染，在李楠的带动和影响下，金璇也学会了办公室工作的许多技巧，总结出自己的心得。联络工作不仅是工作层面，还涉及生活的方方面面。办公室的工作看似简单，发邮件、打电话、通过办公聊天软件沟通，然而每一个环节都要求精确，失之毫厘，谬以千里。

比如有一次，出现了邮件风波。金璇所在单位的公共邮箱是 cdeabc@163.com，而部门领导自己的邮箱是 cdeab@163.com。有个杂志社的记者联系采访金璇所在的单位，部门领导留给对方他个人的邮箱，记者发送了邮件，部门领导说收到了。但金璇登录公共邮箱，并没有收到邮件。领导告诉她邮件已收到，她却没有看到邮件，这可如何是好？

直到金璇与记者核实信息，才发现对方发送的邮箱地址少了一位字母。难怪那位记者说发送了两次，显示发送成功，领导也说收到。又经过两次电话沟通，金璇请对方将采访提纲重新发到单位的公共邮箱。一边在电话里说着让记者稍等1分钟，先不要挂电话，一边在外网电脑上确认收到邮件，又说了感谢、麻烦之类的话，才挂了电话。这件事历经波折，终于办妥。虽然是一件小事，但几个环节的沟通，无论哪一环节出现问题，都会导致问题进入盲区。

人际沟通是一门高超的艺术，在邮件这个小细节就体现出来了。部门领导收到了邮件，是否要给负责的同志转发一下？正是这个小小的疏漏，造成金璇没有收到邮件，又回去找发件人，再次告知邮箱，让对方重发。不仅浪费了沟通的时间成本和经济成本，更让对方觉得办公室部门领导和员工之间言辞不一，像是有隔阂。这种给对方造成的困惑和不解，此时可能不会显现出问题，但说不定未来某个时间就会浮现出来，造成一些不必要的影响。只是一个邮件发送事项，就有这么多的学问，不得不说，办公室的工作实在是马虎不得、懈怠不得。

从前读过一篇文章，题目叫作《绊倒千里马的青草》，讲的是一个工作人员节日到单位加班，订书钉用完了，文具店关门，他因为买不到订书钉而导致重要的工作没有完成。不起眼的小细节，折射出的却是一个人，乃至一个部门的工作习惯。不仅要认真，而且要思虑周全，这种细致、周到渗透在处事的方方面面。上下圆通，左右逢源，迎来送往，事无巨细。每一件事都办得漂亮，每一句话都说得漂亮，给人留下好印象，形成良性循环。打通每一个关节，关注每一个环节，环环相扣，方能做好工作，把任务如期完成。

在日复一日的忙碌中，金璇渐渐改变了过去单线程的工作风格，而变得更加圆通，更有能力应对多线程的工作。主任称之为“弹钢琴”。沟通、协调、理解，这是必备的情商，不仅要有，而且要高。同时，主任每次接待活动之前，都会带着牵头负责的人员进行推演，考虑到可能出现的各种情况。接待完成后，还会进行复盘，总结这次活动的成功经验和不足之处，为今后更好地开展工作打下坚实的基础。看似琐碎的事务，实则非常考验人的统筹能力与办事能力。金璇在这样的环境中飞速成长，能力和素质都得到极大的锻炼。

在一家公司的招聘会上，一位年轻人与众多竞争者一起应聘一个职位。竞争异常激烈，许多竞聘者都使出了浑身解数，或是陈述自己精彩的实习经历，或是讲述自己突出的能力条件。而这位年轻人在敲门进入的时候，发现饮水机上有一个用过的纸杯。他坦然地进行了自我介绍，并得体地回答了主考官提出的问题。即将走出办公室的时候，他随手将那个用过的纸杯，轻轻地扔到会议桌边的垃圾桶。带上门，他内心有些忐忑，但为自己尽力而感到无憾。

过了两天，他接到应聘单位人事部门主管的电话。“恭喜你，你被我们公司录用了。”他欣喜若狂，有礼貌地挂掉电话，久久不能平静。顺利入职后，有次跟人事主管闲谈，他才得知，那天有很多竞聘者进进出出，而他是唯一注意到那个用过的一次性纸杯的人。他不经意的举动，却给公司的管理者留下了深刻的印象。大家给这位年轻人打出高分，对他有始有终、用心对待细节的做法颇为赞赏。

美国前总统乔治·华盛顿年少时，曾在笔记本上抄写一系列的“守则”：“在别人面前，不要自己哼唱，也不要用手指敲打或者用脚踢东西；别人讲话时，不要插嘴；别人站着时，自己不要坐下；别人停下时，不要自己走；和别人一起聊天时，不要读书或看报纸。如果确有必要做上述事情，也一定要请求离开。事先没有得到允许，不要看别人的书或写的东西；别人写信时，不要离得太近。……”虽说都是小细节，甚至是拘束人的小细节，然而，华盛顿把它们看作成长所必需的“维生素”。如果他不拘小节，从不顾及别人的感受，就很难取得巨大的成功。

生活本没有多少惊涛骇浪，多的是点点滴滴的小事。小事看似小，若处理不当也可能酿成大错。一个错别字，可能让一个律师失去客户；一个小数点的错误，可能让一个公司承受巨大的损失。没有对细节的认真与苛求，就难以成就一番事业。不放过任何一件小事，久而久之，修养自成。

成长砝码

“天下大事必作于细，天下难事必作于易。”大事都由小事积累而成，成大事者无不注重小事。一个环节的疏漏，就可能导致庞大的机器运转失灵。

细节处见精神，与其临渊羡鱼，羡慕别人的成功，不如退而结网，认真对待手头的每一项任务，扎扎实实办好点滴小事。越小的事情，越考验一个人的耐心与品质，用高度集中的注意力，严格、严谨甚至严苛地对待细节，兢兢业业，一丝不苟，在一点一滴的用心中凝聚品格与精神，才能筑起人生的参天大厦。

属于自己的据理力争，该让步时就让步

大学的时候，我有个出国交流的机会。将赴使馆签证之际，学校安排了老师给我们辅导，提前做好准备。

来讲课的老师年龄不大，她给我们讲述了她的经历。签证时，签证官问了两个问题，看上去很不耐烦，打算结束提问。她敏锐地捕捉到签证官的神态和动作，预感到结果可能对自己不利。她并没有放弃，而是定了定神，鼓起勇气，掷地有声地喝道："你听我说！"

就是这一声，让签证官对她另眼相看。后来，她坦陈了自己的情况，又回答了几个问题，在这段争取来的交流中，她获得了解释的机会。

若是不据理力争，可能就要与宝贵的出国机会失之交臂了。"同学们，无论发生怎样的情况，都不要放弃，记住，要努力争取！"

曾经有部很火的电视剧《奋斗》，剧中的夏琳，就是一个好强的女子。印象颇深的是有个片段，夏琳到某公司洽谈，正碰上该公司的领导要离开公司。她追到电梯，在电梯即将关门的时候，硬是挤进了这个电梯，在短暂的时间里向公司的负责人介绍了情况，落落大方，并不失态。公司负责人因此对她印象深刻，并最终同意了她的方案。

那个镜头让我至今难忘。有个经典的问题，说的是如果让你做一个选择，在地铁门即将关闭的时候，你是选择冲上地铁，还是选择原地不动，再等一班？

不同性格的人会做出不同的选择。争取，是一念之间的执着，也是主动出击、不被动等待的积极努力。对于很多人来说，那一瞬间，放弃亦是安全的。可是，正是在这转念间，很多事都会发生变化。踏上一班高速列车，获得的不仅是加速度，而且是同行的人。若是错过这一班，再等来的未必不好，却也意味着一切都会发生变化。

正如古人所言：“凡人之性，不能无争；凡有血气，皆有争心。”在竞争激烈的环境中，不断培养自己力争上游之心，力争为他人和社会多做贡献。这样的争是正确积极的争。积极的态度和作风延续久了，很多事都会转危为安、化被动为主动。

然而有些时候，不争就是争。以退为进，更是一种智慧。

年终考评又到了，小陆在民主测评中因为一票之差而没有评上优秀员工。领导跟他谈心，语重心长地说：“小陆啊，进步不在这一两次的优秀。虽然优秀荣誉重要，但有时候要让。让是风格，也不意味着失去进步的机会。当年和我们一起入职的沈松，连续5年优秀，也得到很多奖励，但现在职位并不比我高。看长远些，不要在意一次的得失。”小陆想起同部门的孟伟，在去年的考评中主动提出不被推荐为优秀候选人，理由是刚刚调到新岗位不满1年，虽然做了不少工作，但还是愿意把机会让给其他同志。过年后，孟伟很快就得到晋升。他的风度不仅得到同事和领导的欣赏，也为自己赢得更多成长的空间。

英国诗人兰德在诗中写道：“我和谁都不争，和谁争我都不屑；我爱大自然，其次就是艺术；我双手烤着生命之火取暖；火萎了，我也准备走了。”这与老子的“夫唯不争，故天下莫能与之争”有异曲同工之妙。

记得有篇文章的标题很好，叫作《时代是个局，我做局外人》。我读这文章时，给自己找到一种开解和宽慰。但是在资源稀缺的竞争环境中，如果凡事“佛系”处之，岂不是要被边缘化？有人提出，要与生活讲和，奉行中庸之道、以和为贵，但面对生活的压力和现实所迫时，却又是另一种心情。

那么，何时该争，何时不争？

“人不可无刚，无刚则不能自立，不能自立也就不能自强，不能自强也就不能成就一番功业。”同时，“人也不可无柔，无柔则不亲和，不亲和就会陷入孤立，四面楚歌，自我封闭，拒人于千里之外。”“天地之道，刚柔互用，不可偏废。太柔则靡，太刚则折。”更进一步，“凡遇事或为公，应当强矫，而争名与逐利，应当谦退；开创家业时，应当强矫，而守成安乐，应当谦退；在外待人接物时，应当强矫，居家与妻儿享受时，应当谦退。”

荀攸是三国时曹魏阵营里著名的谋士。他在朝20余年，能够从容自如地处理政治旋涡中上下左右的复杂关系，在极其残酷的人事倾轧中，始终地位稳定，立于不败之地。曹操评价他“外愚内智，外怯内勇，外弱内强，不伐善，无施劳，智可及，愚不可及，虽颜子、宁武不能过也”。意思是他谋略智慧过人，作战奋勇当先，做事不屈不挠，但对曹操和同僚却不露锋芒、不争高下，以谦卑、文弱、愚钝示人，因其知伴君如伴虎，所以收敛自己，行稳致远。

林语堂论及中庸的哲学时指出，“中庸之道”其实就是希腊人“Nothing too much”（凡事适可而止）的理想，他这样形容中庸的状态：“在懒惰中用功，在用功中偷懒；穷不至穷到付不起屋租，而有钱也不至有钱到可以完全不工作，或可以随心所欲地帮助朋友；钢琴会弹，可是不十分高明，只可以弹给知己的朋友听听，而最大的用处却是做自己的消遣；古董倒也收藏一些，可是只够排满屋里的壁炉架；书也读读，可是不太用功；学识颇渊博，可是不成为专家；文章也写写，可是寄给《泰晤士报》的信件有一半退回，有一半发表了——总而言之，我相信这种中等阶级生活的理想，是中国人所发现的最健全的生活理想。”

人生如棋局，对于一位高明的棋手而言，必深谙退、弃、让的艺术。正如清代学者李密庵在《半半歌》中所言：“饮酒半酣正好，花开半时偏妍。”无论是以退为进、迂回婉转还是激进慷慨，用对时，则为良方；用错时，都是足以致命的武器。其中平衡的度，则着实需要用者亲自掂量才能拿捏得当。

成长砝码

争与不争，各有意义。在该争取的时候当仁不让，在该让步的时候退而有节。有品格、有血性、有担当、有底线，保持自尊，不卑不亢，也要大智若愚、心平气和、为人宽厚。进退有度之间，考验的是一个人的智慧。不急功近利，但也不能软弱可欺。在面对重大原则问题、开创事业、为他人谋利益的时候，要据理力争；在面对功劳、褒奖的时候要懂得谦让，不与人争利，不过分霸占资源。与外界打交道要有礼有节，与家人相处要亲切和睦，平衡其中的度，做到恰到好处，游刃有余，方是最理想的状态。

忘记该忘记的，让不愉快彻底翻篇

午餐的时候，朱迪跟领导坐在一桌。领导关心地问："朱迪，现在谁给你看孩子啊？"朱迪咽下一口汤，答道："领导，是婆婆帮我看。"

"那真不容易！婆媳在一起相处，是很难的。不过，你没小事，也就不奇怪了。"

"谢……"，话还没说完，苑小雪走过来，一不小心，把汤洒在了朱迪的右手臂袖子上。"对不起啊，朱迪！"苑小雪万分紧张。

"没事的，小雪，我这件衣服刚好穿了几天，该洗了，回去我正好换下来。"朱迪拿出纸巾擦拭了几下，微笑着，继续吃饭。苑小雪也松了一口气。

生活里，难免有和相处对象的各种摩擦，若是揪住小事不放，不仅给自己平添烦恼，而且让人际关系的不和谐越来越严重，矛盾纠纷累积起来，形成不良的环境，身处其中，人也会不由得烦闷忧愁。温和与宽待是最好的方式。搁置争议，谋求共识，往往能带来意想不到的效果。

尹涵刚到单位的时候，有次在电梯间被一个年长的部门负责人踩了一脚，她眼泪汪汪，却什么都没说。下电梯后，那个年长的姐姐对她表达了歉意和关怀，两人由此相识。尹涵由于她的大度得到这位负责人的尊重，并使工作开展得更加顺利。

相传古代有位老禅师，一天晚上在禅院里散步，看见墙角边有一把椅子。他一看便知有出家人违反寺规越墙出去了。老禅师也不声张，走到墙边，移开椅子，就地而蹲。少顷，果然有一个小和尚翻墙，黑暗中踩着老禅师的背跳进了院子。当他双脚着地时，才发觉刚才踏的不是椅子，而是自己的师傅。小和尚顿时惊慌失措，张口结舌。但出乎小和尚意料的是，师傅并没有厉声责备他，而是以平静的语调说：“夜深天凉，快去多穿一件衣服。”老禅师宽容了他的弟子。他知道，宽容是一种无声的教育。

《宋史》记载，有一天，宋太宗在北碚园与两个重臣一起喝酒，边喝边聊。两人喝醉了，竟在皇帝面前相互比起功劳来，他们越比越来劲，干脆斗起嘴来，完全忘了在皇帝面前应有的君臣礼节。侍卫在旁边看着，觉得实在不像话，便奏请宋太宗，将这两个人抓起来送吏部治罪。宋太宗没有同意，只是草草撤了酒宴，派人分别把他们送回了家。第二天上午他们从沉醉中醒来，想起昨天的事，惶恐万分，连忙进言请罪。宋太宗看着他们战战兢兢的样子，轻描淡写地说：“昨天我也喝醉了，不记得这件事了。”就这样，宋太宗既不处罚，也不表态，装糊涂，行宽容。这样做，既体现了领导的仁厚，更展现了领导的睿智，不失领导的尊严，而又保全了下属的面子。

东汉建安五年，曹操与袁绍在官渡展开激战。两军实力相差悬殊，袁军数倍于曹军，曹操部将大多认为袁军不可战胜。但曹操最终以少胜多，大败袁军。袁绍弃军逃跑，辎重物资、图册兵藏都被曹军缴获。在清点战利品时，曹操的一名心腹发现了许多书信。这名心腹拆开其中的一封信，看了几眼，立刻脸色大变。他把所有的书信收齐封好，然后抱着书信去向曹操汇报：“主公，这些都是袁绍与人来往的密函。”曹操接过信件，拆开看过几封后，对心腹说：“你去把这些信都烧了吧。”“烧掉？主公，您不该把这些写信的叛徒全都抓起来吗？”心腹惊疑道。曹操摇摇头：“当初，袁绍兵力远胜于我，连我都觉得不能自保，更何况是他们。与袁绍勾结只是他们不得已的选择啊。”

原来，这些书信都是在许都的官员和曹操军中的部将写给袁绍的，其中不乏示好投诚之语。曹操命人当众把书信全部烧毁。那些私通袁绍的部将，原本惊慌不定，见曹操此举，惭愧不已，同时愈加感激，军中士气更盛。曹操趁势进击，冀州各郡纷纷献城投降。曹操实力大大增强，为此后统一北方奠定了基础。

哲学家威廉·詹姆斯给不幸的人们一个忠告："要乐于承认事情就是这样的情况，能够接受发生的事实，就是能克服随之而来的任何不幸的第一步。""二战"后，曾有不少关于德、日两个战败国修复战争创伤的描写。让人至今难忘的是两个细节：一是德国在陋室中摆着插有一朵花的瓶子；二是日本小学生坐在坍塌的教室旁晨读。这两个细节反映了两个民族的精神和他们达观向上的态度，这是不屈的民族生命力，也是"二战"后德、日两国迅速崛起并成为强国的精神动力。

美国密歇根大学的心理学教授南迪·内森经调查研究发现，人的一生中有十分之三的时间处于情绪不佳状态，若是不懂合理控制、调节自身的情绪，就会将不良情绪带入人际交往中，影响人与人之间的交流与情感。懂得如何合理地控制自己的情绪，在任何场合都保持积极乐观的心态、优雅淡定的神色、平和的语调，才能成为自身命运的真正主宰。

诗人白朗宁说："宽恕为美，淡忘尤佳。"忘记成功，才能回归原点，从零出发；忘记失败，才能充满信心，迎接挑战；忘记怨恨，才能化解矛盾，与人为善；忘记痛苦，才能远离纠葛，无忧无虑；忘记遗憾，才能放下包袱，轻装上阵；忘记给予，才能宽容豁达，不再计较；忘记名利，才能知足常乐，珍惜眼前。

学会忘记，并不是忘记过去的一切。学会忘记，只是忘记毫无意义的琐碎与繁冗，"去粗取精"。大浪淘沙之后，留下的都是珍贵的记忆。正如那句经典的话："不乱于心，不困于情。不畏将来，不念过往。如此，安好。"

成长砝码

忘记的刹那，一切烦恼都荡然无存。学会忘记是一种豁达的生活态度。忘记可以让我们走出失败的阴影，走出自卑的泥潭，走出痛苦的深渊，重新认识自己；忘记可以让我们走出天真与幼稚，走向成熟和自信；忘记可以让我们内心归零，保持谦虚，不断进步，日臻完美。懂得忘记的人，不纠结、不迟疑、不困顿。豁达与乐观总是相伴的，积极面对、热情生活，善待自己也宽容他人，不仅能让生活处处充满鸟语花香，而且可以凝聚人心，赢得他人的信任与尊重。

墙内开花墙外香，放下了就得到了

老方丈住在山上的寺院里好多年了。周围的人们都很敬佩他。

有一年，老方丈出去带回来几株菊花，让弟子们把菊花种在院子里。菊花越长越多，3年后，院子里开满了菊花，香味一直传到很远的地方。来寺院烧香的村民们在欣赏了满院子的菊花后，都禁不住赞叹一番："好美的花儿啊！"

有一天，山下的村子里有个村民觉得这菊花太香、太美了，就想在自己家的院子里也种上几株。于是开口向老方丈要了些菊花来种，老方丈高兴地答应了他，并亲自动手挑了几株开得最艳、枝杆最粗的花，连根须一起挖出送交给那人。

消息很快传开，几乎所有的村民都来要花。老方丈满足着每个人的愿望，帮每个人挑选花，挖出来送给人家。没过几天，院子里的菊花就都被老方丈挖出来送人了。

弟子们忍不住对老方丈说："本来我们这里应该是满院花香的，现在都送给别人了，我们什么也没有了，您这么大方干什么呀！"

老方丈笑着告诉弟子们："这样不正好吗？你们想，这些菊花长在我们院子里，香味就只在我们的院子里。但把花送给大家，3年以后，就会是满村的菊香了啊！”

弟子们听完老方丈的话，明白了老方丈的用意，脸上露出了笑容。

我们也许都有过这样的经历，越是执着追求的，反而越得不到；有时候放弃了，释然了，想要的东西反而悄悄来到身边。

《荀子·天论》中说：“大巧在所不为，大智在所不虑。”真正有大智慧的人不是过多地作为和过多地忧虑，而是懂得该放下就放下，该不思虑就不思虑。在有生之年，尽最大的力量去度、去活、去爱，又有什么遗憾呢？若让求不得之苦占据，岂不是庸人自扰！

春秋末年，齐国国君荒淫无度、横征暴敛。齐国贵族田成子看到这种情况后，对他的僚属说：“国君用这种榨取的手段，虽然得到不少财富，但这种取是‘取之犹舍’”。仓储虽实，但国有不固，终是他人“嫁衣”。于是田成子制作了大、小两种斗，打开自己的粮仓接济饥民，用大斗出借谷米，用小斗回收还来的谷米，“予民于惠”。于是齐国人不肯再为国君种田效力，转而投奔田成子门下，一时“民归之如流水”。田成子用这种大斗出、小斗进的方式，借出的是粮食，收进的是民心，貌似给予，实则得到。果然，齐国国君宝座最后为田氏家族所得。

古代史学家范晔在《后汉书》中提到，古人有言：“天下皆知取之为取，而莫知与之为取。”便是对这种得失观的最佳诠释。得与失相互转化的效果，有时也不是马上就可以见到的。但是那些懂得其中奥妙的人，会掌握取舍的主动权，让它发挥出令常人意想不到的效果。

战国时，齐国的孟尝君是一个以养士出名的相国。由于他待士十分真诚，感动了一个具有真才实学但十分落魄的士人，名叫冯谖。冯谖在受到孟尝君的礼遇后，决心为他效力。有一次，孟尝君想派人到他的封地薛邑讨债，问谁肯去。冯谖说他愿意去，但不知需要用催讨回来的钱买些什么东西。孟尝君说就买点家里没有的东西。冯谖领命而去。到了薛邑后，他见到老百姓生活十分穷困。当地的百姓听说孟尝君的讨债使者来了，都纷纷有怨言。于是，他召集邑中居民，对他们说："孟尝君知道大家生活困难，这次特意派我来告诉大家，以前的欠债一笔勾销，利息也不用偿还。孟尝君叫我把债契也带来了。今天当着大伙儿的面，我把它烧毁，从今以后，再不催还。"说着，冯谖果真点起一把火，把债契都烧了。薛邑的百姓没有料到孟尝君如此仁义，个个感激涕零。冯谖回来后，孟尝君问他讨的利钱呢？冯谖回答说："不但利钱没讨回，借债的债契也烧了。"孟尝君便大不高兴。冯谖对他说："您不是要我买家中没有的东西回来吗？我已经给您买回来了，就是'义'。焚契买义，这对您收归民心是大有好处的啊！"

果然，数年后，孟尝君被人诋毁，地位不保，只好回到自己的封地薛邑。薛邑的百姓听说恩公孟尝君回来了，全城出动，夹道欢迎，表示坚决拥护他。孟尝君甚为感动，这时他才体会到冯谖"买义"的苦心。

这正应了那句古话"好与者，必多取"，小的损失可以换取大的利益。与人交往要懂得取舍，懂得放弃。一味地取，只会急功近利显得小气；但一味地舍，只会最终一无所获。智者的收获往往是建立在明智取舍的基础上的。

佛陀住世时，有一位名叫黑指的婆罗门来到佛前，运用神通，两手拿了两个花瓶，前来献佛。佛陀对黑指婆罗门说："放下。"婆罗门就把他左手拿的那个花瓶放下。佛陀又说："放下。"婆罗门又把他右手拿的那个花瓶放下。然而，佛陀还是对他说："放下。"这时黑指婆罗门说："我已经两手空空，没有什么可以再放下了，请问现在你要我放下什么？"佛陀说："我并没有叫你放下你的花瓶，而是叫你放下你的六根（眼、耳、鼻、舌、身、意）、六尘（色、声、香、味、触、法）和六识（眼识、耳识、鼻识、舌识、身识、意识）。当你把这些都放下，再没有什么了，你才能摆脱生死桎梏。"

"苦非苦，乐非乐。只是一时的执念而已，执于一念，将受困于一念；一念放下，会自在于心间。物随心转，境由心造，烦恼皆由心生。”有些人，有些事，是可遇不可求的。学会放下，亦是一种大智慧。

《红楼梦》的《好了歌》道尽人间无奈：“世人都晓神仙好，唯有功名忘不了！古今将相在何方？荒冢一堆草没了。世人都晓神仙好，只有金银忘不了！终朝只恨聚无多，及到多时眼闭了。世人都晓神仙好，只有娇妻忘不了！君生日日说恩情，君死又随人去了。世人都晓神仙好，只有儿孙忘不了！痴心父母古来多，孝顺儿孙谁见了？”

“人生天地间，忽如远行客。”最终我们发现，曾经执着的，其实都带不走。我很喜欢女作家扎西拉姆·多多在《喃喃》中写的一段话：“人生中出现的一切，都无法拥有，只能经历。深知这一点的人，就会懂得：无所谓失去，而只是经过而已；亦无所谓失败，而只是经验而已。用一颗浏览的心，去看待人生，一切的得与失、隐与显，都是风景与风情。”

成长砝码

执着是一种坚持不懈的精神品质，但过分执着则伤心伤身。懂得舍弃才能有所获得，小舍小得，大舍大得，不舍不得。如果难以放手，就难以得到更适合的。放下很难做到，因为人多有欲望，希望获得。不计较得失，将视野更多地放在已经取得的，知足常乐，懂得珍惜，修炼淡泊的品格，才能获得释然。没有哪一步路是白白走过，我们所付出的努力，终会在未来的某个时刻，以某种形式回馈。放弃追逐，更重视过程的美好，放下的时候，就真的得到了。

别吝啬见面礼，小举动带来大收获

闺密与我见面，每次都会带上一份小礼物，或是护手霜、咖啡杯，或是自制的手工皂、面膜，或是一支唇膏、一小瓶香水，这些温暖的举动让我感觉如沐春风。推己及人，如果我们在与朋友见面的时候，也带上一些小礼物，彼此的感情自然会更加融洽。礼物不在多与贵，关键是体现一份用心呵护情谊的友善。

古人云："君子之交淡若水。"又有言："礼轻情意重。"我们所说的礼轻情意重，是指在无求于对方时给对方送礼物，而且没有任何其他目的，仅仅是为了与对方互相了解，加深感情，促进友谊。当对方有喜事时前去恭贺，与对方同喜；当对方有困难时给对方送去温暖，帮助解决问题；当对方生病时前去安慰表示关心。这种情况下即使送上小礼物，对方也会非常高兴。

在中国，送礼已经是一门学问，送礼不仅是表达关心和问候，更是交际中的礼仪。很多人在挑选礼物时煞费苦心。若礼物得当，对融通关系、提升个人在对方心中的分量都会有显著的收效。

清朝中堂大人李鸿章的夫人50岁生辰快到了，满朝文武大臣忙得不亦乐乎，都准备前往祝寿。消息传到合肥知县那里，知县也想前去祝寿，因为李鸿章是合肥人。可是仔细一想，知县又发愁了：我这七品芝麻官怎么祝寿才能别出心裁呢？思来想去拿不定主意，于是请来师爷商量。师爷说："这事容易，一两银子也不用，还保你的寿礼最引人注目，保准中堂大人喜欢，列于他人礼品之上。"

知县听了自然高兴，但想了想天下哪有这般好事，便问："送什么东西"？

"也就是一副普通的寿联。"师爷回答。

知县听完直摇头，表示难以置信，师爷连忙说：“不要怀疑，不过这寿联必须由我来写，你亲自送上，请中堂大人过目，不能疏忽。”知县满口答应。

第二天知县带着师爷写好的寿联上了路。他昼夜兼程赶到京城。等到祝寿之日，他通报姓名来到李鸿章面前，朝他一跪说：“卑职合肥知县，受人之托，前来给夫人祝寿！”

李鸿章随口应了一声便叫他站起来，知县连忙拿出寿联，先将上联打开，李鸿章一看是：

“三月庚辰之前五十大寿”

李鸿章心想：夫人二月过生日，他写了“三月庚辰之前”，还算聪明。正想着，知县又打开了下联，李鸿章一见，连忙双膝跪地。原来下联写着：

“两宫太后以下一品夫人”

“两宫”指当时的慈安、慈禧，李鸿章见“两宫”字样，不由得跪了下来。于是他命家人摆香案，将此联挂在《麻姑上寿图》两边。这副寿联，深得李鸿章的赏识。

礼物是寄托情感的载体，不可太轻，否则会显得情分淡薄。若礼物太贵重，又会使接受礼物的人感到压力。礼物的轻重选择以对方能够愉快地接受为尺度。

送礼也不可过于频繁。一方面，对方会觉得“无事不登三宝殿”，应该是有事相求才会送礼，由此感到不自在；另一方面，礼尚往来，若是过于频繁地送礼，对方也要考虑回礼，无形中增加了人际交往的负担。一般来说，在节日、生日或重要场合送礼为宜，既不显得突兀、虚套，收礼的人也会感到自然无拘束。

送礼还要“投其所好”，要提前了解对方的脾气、性格、爱好和禁忌，例如不要送钟，因为“钟”与“终”谐音，让人觉得不吉利；如果对方有较高的艺术品鉴力，普通的艺术作品可能就无法带来惊喜。

恋人之间的礼物若送到对方的心坎，无疑会使甜蜜的感情升温。记得上学的时候，每逢情人节，有男女朋友的同学都会寻找合适的礼物，寝室里的姐妹们也会帮着出主意。比如送杯子，意味着“一辈子”；送十字绣，亲自手工制作体现自己的细心与珍视；有的送围巾、送书，更有特色的是定制一些属于两个人的共同回忆，比如纪念相册；还有的会送亲手制作的卡片、亲手剪辑的视频等。

亲人间的礼物也能拉近彼此的距离。逢年过节，送给爸爸一件羊毛衫、一条腰带，送给妈妈一套护肤品，送给家里的小朋友一系列童书、一盒画笔、一套玩具，送出爱与关心的同时，自己也能感受到温暖与快乐。

婉转地送出礼物，也讲究方法得当。例如送家乡特产的时候，告诉对方是近期回家乡的时候带来的，请对方尝鲜，盛情之下，对方也觉得并无不妥。又如，在吃饭的时候，不妨带两瓶酒，喝一瓶，另一瓶送给对方，淡化“送礼”的意图。

常备薄礼，用心处事，收获的不仅是一份欣赏，一种感动，更是长久而紧密的关系。

成长砝码

礼物代表的不仅是一份物质表达，而且浓缩了一个人的心思、品位和关怀。送礼是一门学问，不可太贵重，也不可太普通。礼物要根据送礼对象的特点和个性进行选择，在合适的时机，以妥当的方式送出，方能取得良好的收效。礼物不必贵重，但要独具匠心。无论是长辈还是平辈，见面时略备薄礼，都能体现出一个人的热心与练达。懂得人情世故也是一种高情商。合适的小礼物可以让人感到温暖，拉近彼此的距离，让情感更加融洽。

机会蕴藏在平凡中，识别并把握它

一天早上，日本狮王牙膏公司的职员加藤信三为了赶去上班，匆匆刷牙，牙龈被刷出血来。他怒气冲冲，上班路上仍是一肚子的牢骚和不满。

在心头的火气平息下去后，他便和几个要好的伙伴提及此事，并相约一同设法解决刷牙容易伤及牙龈的问题。

他们想了不少解决牙龈出血的方案，诸如：将牙刷改为柔软的狸毛；刷牙前先用热水把牙刷泡软；多用些牙膏；慢慢地刷牙……但是效果都不理想。

他们进一步仔细检查牙刷毛，在放大镜下，他们发现牙刷毛的顶端并不是尖的，而是四方形的。"难怪会伤牙龈。"加藤信三想，"把它改成圆形的不就行了！"于是他们着手进行改进。

经过试验，他们改进后的这种牙刷，刷毛不仅能伸进齿缝更好地清洁牙齿，而且也不像以前那样坚硬了，基本不会出现牙龈出血这样的现象。取得实效后，他们正式向公司提出这项改变牙刷毛形状的建议。公司很乐意改进自己的产品，把全部牙刷毛的顶端改为圆形。

改进后的狮王牌牙刷经过广告媒介的宣传，销路极好，连续畅销10多年，销售量占全国同类产品的30%—40%。加藤信三也由职员晋升为科长，而后成为公司的董事长，开启了人生的财富之门。

从一个小小的普通职员，一跃成为公司的董事长，这是多少人连想都不敢想的事情。也许加藤信三也没有这样的宏图大志，但他是一个有心的人。正是他的用心和专心，把牙刷的改进问题变成改变人生轨迹的机遇，才有日后不凡的成就。

机遇的身影经常在我们的生活中若隐若现。它不是显露的，而是隐藏于纷繁复杂的生活之中。面对无所不在的机会，需要具备一双火眼金睛，识别并把握它。

西谚说："机会不会再度来叩你的门。"机会常常只在一瞬间闪现。当机遇来临时，抓住的人会改变自己的一生，使自己有所建树，实现自己一生的抱负。相反地，有的人全然不知，错失良机，抱憾终身。

> 从前，有个猎人外出打猎，人们劝他装上子弹，他却大为恼火地说："打猎的地方还远着呢，装100发子弹都来得及！"走着走着，他看见一大群野鸭浮在水面上，此时放枪，准能收获不小。可惜，就在他匆匆忙忙装子弹时，野鸭有了警觉，早已飞得无影无踪。猎人失去猎物，只因他把"机遇"放在"口袋"里。人只能去等待机遇，而机遇却从来不等人。

要想获得机会的垂青，不仅要行动起来，为机遇的到来做准备，而且要主动出击，克服困难，突破困境。正所谓："弱者等待机会，强者把握机会，智者创造机会。"

律政美剧《傲骨贤妻》中有句台词："当你一直在敲的那扇门终于打开的时候，不要问为什么，而应该冲进去。事情就是这么简单。没有人会帮你把一切打点得顺你心意，没有人会欣赏你的消沉，所以我对你的建议是：给自己1分钟的时间，用自己最亲切的声音，尽可能地面带笑容，然后走进会议室，对权益合伙人表示感谢。"剧中的女主角中年进入职场，从一个家庭主妇逐步蜕变为律政达人，正是通过迎接挑战的勇气、不屈不挠的意志走出过去的阴霾，给自己赢得美好的生活。

机遇属于智者与勇者。白居易在《与元九书》中有言："大丈夫所守者道，所待者时。时之来也，为云龙，为风鹏，勃然突然，陈力以出；时之不来也，为雾豹，为冥鸿，寂兮寥兮，奉身而退。进退出处，何往而不自得哉？"意思是一个正人君子内心有道义的准则，时机来了，就大展宏图，实现自己的抱负；如果时运不济，就独善其身，但不会意志消沉或为非作歹。

不妨把更多的精力放在提升自我与经营人生上。修炼内功，完善自己的知识结构，提升专业素养和能力；同时注重拓展社交圈，处理好人际关系。

当机会到来的时候，所有的积累都会在一瞬间呈现。那一刻我们会发现，人生从来都没有白走的路，所经历的事、遇到的人，所有的顺利与不顺利，都在为这一刻做准备。只是不到转折点，我们永远不知道好运会以怎样的方式到来。

偶然中蕴含着必然，一切仿佛早有安排。逐梦的人驾驶着车子，风驰电掣般追赶远方的期许。而很多时候，开启幸福之门的钥匙，就藏在身边的某个地方。

成长砝码

机会的身影常常若隐若现，潜藏在平凡的日常生活中。有心人善于发现机会，而不懂这个道理的人往往在日复一日的等待中，错过身边的很多机会。机会到来时，有充分准备的人才能抓住它。所以平时的积累非常重要。在没有合适时机的时候，注重修炼内功，为自己多做打算，时机成熟的时候，一切就会水到渠成。机会属于善于思考的人，更属于有勇气和胆魄的人。机遇与风险并存，观望和迟疑的人往往会错过最佳时机，唯有敢于承担、勇于迈出坚定步伐的人才能走向成功。

好风凭借力，贵人相助成大事

有个男孩跟着妈妈到杂货店去买东西，老板看他很可爱，就打开一罐糖果，让他自己拿一把。但是男孩没有拿，老板就亲自抓了一大把糖放进男孩的口袋中。回到家中，妈妈好奇地问男孩，为什么自己不去抓糖果而要老板抓。男孩说："因为我的手比较小，而老板的手比较大，所以他拿的一定比我拿的多。"聪明的孩子知道自己的能力，更难得的是，他知道别人比自己强。凡事不能只靠自己的力量，要学会适时地依靠他人的力量来达到自己的目的。

撑竿跳高选手、两次奥林匹克金牌获得者鲍勃·理查兹曾告诉人们，他将打破达彻·瓦默达姆的纪录。但不管他怎样尝试，他的成绩总是比纪录矮 1 英尺（约 30 厘米）。后来，他想到达彻·瓦默达姆或许能帮助他，于是他鼓起勇气拨通达彻·瓦默达姆家的电话，希望能得到他的指点。达彻·瓦默达姆邀请理查兹到他家来，并许诺将自己的技巧传授给他。达彻·瓦默达姆确实这样做了。他花了 3 天时间指导理查兹，纠正他的错误动作，最后理查兹的成绩提高了 8 英寸（约 20 厘米）。

在现实生活中，一个人要想成就一番事业，仅凭个人力量是不够的，或多或少都要依靠外界的力量，比如地位、名望、财富或者权力，否则就会举步维艰。比尔·盖茨曾经说："一个善于借助他人力量的企业家，应该说是一个聪明的企业家。在办事的过程中善于借助他人力量的人也是一个聪明的人。"因此，在人生的路途中，如果仅凭个人力量难以突破和超越，就要学会舍弃一些坚持。一个人横冲直撞并不能成功，我们必须借助他人的力量来增强自己的力量。

李鸿章早年屡试不第，“书剑飘零旧酒徒”，一度郁闷失意。然而幸运的他遇到了湘系领袖曾国藩，从此他的宦海生涯发生了扶摇直上的变化。

李鸿章拜访曾国藩，牵线搭桥的是其兄李瀚章。李瀚章是曾国藩的心腹，当时随曾国藩在安徽围剿太平军。有了这层关系，曾国藩把李鸿章留在幕府，“初掌书记，继司批稿奏稿”。李鸿章素有才气，善于握管行文，批阅公文、起草书牍、奏折甚为得体，深受曾国藩的赏识。

有一次曾国藩想要弹劾安徽巡抚翁同书，因为他在处理江北练首苗沛霖事件中处理不当，后来定远失守时又弃城逃跑，未尽封疆大吏的守土之责。曾国藩愤而弹劾，令一个幕僚拟稿，总是拟不好，亲自拟稿也还是拟不妥当，觉得无法说服皇帝。因为翁同书的父亲翁心存是皇帝的老师，弟弟是状元翁同龢。翁氏一家在皇帝面前是“圣眷”正隆的时候，而且翁门弟子遍布朝野。

怎样措辞才能让皇帝下决心破除情面，依法严办，又能使朝中大臣无法利用皇帝对翁氏的好感来说情呢？曾国藩一筹莫展。

李鸿章巧妙地为他解决了问题。奏稿写完后，不但文意极其周密，而且有一段刚正的警句：“臣职分所在，例应纠参，不敢因翁同书之门第鼎盛，瞻顾迁就。”这样一来，不但皇帝无法徇私，朝中大臣也无法袒护了。曾国藩不禁击节赞赏，就此入奏，朝廷将翁同书革职，发配新疆。

通过这件事，曾国藩更觉李鸿章可用。不久，在曾国藩的大力推荐下，李鸿章出任江苏巡抚等职，踏上一条崭新的人生道路。

从积极的角度来看，凭借贵人之力快速成长，是一个人突破个人局限的重要方法。荀子在《劝学》中说道：“假舆马者，非利足也，而致千里；假舟楫者，非能水也，而绝江河。君子生非异也，善假于物也。”寥寥数语就道出人生的大智慧。君子其实与其他人没有很大差别，不过是因为他们善于借助和利用外物。

自古以来，人们就讲究天时、地利、人和齐备方能成就大事。因为一个人的能力往往是有限的，需要借助外界的力量来达成自己的目的，借他人之力来促使自己成功。所以，当我们直接前行却难以取得成就的时候，不要太过坚持；在原有努力的基础上，借力行事，顺势而为，方成大事。

成长砝码

“好风凭借力，送我上青云。”在人生旅途中，很多时候我们凭借一己之力难以做成大事，需要有人相助。要结识到能帮助自己的贵人，需要我们用得当的方法为人处世，以可靠的人品和踏实的作风赢得贵人的青睐。借助贵人的力量，可以减少很多坎坷，让事情更顺利、更高效。对待贵人相助要懂得感恩，运用自己的能力为贵人提供力所能及的帮助，才能保持关系的可持续发展，为自己打开成功的大门。做好扎实的积累，培养守信的品格，增加看待问题的智慧和判断力，提升自己的价值。

Chapter 3

第三章

精细理财，富裕的你从心所欲

给你100万，有多少种不同的用法

祁昱和段薇，两个女孩是大学同学，毕业后分别去了不同的公司。祁昱在一家房地产公司做销售，段薇则去了一家证券公司做分析师。

两个人的收入都是每个月几千块，但她们的理财观念却有天壤之别。祁昱喜欢享受，每个月的工资一发下来，就用来买衣服、首饰和各种化妆品，成了名副其实的“月光族”。而段薇则有着精明的理财头脑，她不仅给自己买了商业保险，而且研究投资理财，把资金分配在股票、基金和一部分固定储蓄中。

同时，段薇还报了外语培训班，业余时间补充商务英语知识，不断充电，还报读了在职研究生课程班，进一步提升自己的学历。

3年后，两个人的生活发生了很大的改变。祁昱依然原地踏步，事业上没有太大的起色，工资依旧是几千元，开销颇多，没有太多储蓄。而段薇凭着勤奋好学与精明能干，不仅拿到了硕士学位，而且通过了高级英语翻译考试，换了一家规模更大的基金公司，事业风生水起。生活上，段薇也通过理财让自己的资金较为宽裕，投资了一套30平方米的小公寓，即将交房。

又过了5年，两个人都临近30岁了。祁昱依旧在原来的岗位，先后谈了两段恋爱，但都因各种矛盾而分手，单身的她更加无所顾忌地花钱；段薇在工作中积累了丰富的资源，也遇到了相守的伴侣。她把公寓变现，两个人共同购置了婚房，并计划着孕育宝宝。同时，段薇还做了一份英语翻译的兼职，在资金方面开源节流，生活各方面都打点得妥帖。

理财与不理财，短时间内看不出太大的区别，但时间久了，就会显现出悬殊。人们常说财务自由，但对于大多数普通人来说，高额的资产在奋斗的青年时代，往往是遥不可及的。创业九死一生，经济形势的严峻也让很多行业的财运从巅峰跌到谷底。在这样的情况下，如何才能让自己踏上财务自由之路呢？

保持敏锐的眼光和学习的状态是最重要。正如段薇，在入职后不久就计划着储蓄、保险、投资，并且在教育方面给自己充电，未雨绸缪，方能掌握主动权。

如果有100万，该怎么花？若是1000万呢？

我的答案是，先拿出一部分钱给自己买保险。一位经验丰富的私人财富管理律师告诉我，保险和家庭财富的配置，有个基本的原则：生、老、病、死，即财产保险、养老保险、医疗保险、人寿保险。

另外的资金，分配出几部分做投资。一部分可以购买一套小公寓出租，每月就有一笔固定的收入。其他部分可以选择基金、股票等。但是，投资股票的前提是懂得证券投资，对相关的行业和财务指标至少有理解力和判断力，否则容易盲目而导致投资失败。

此外的钱，我会用来投资教育。现在网络课程发达，不仅是学历教育值得投入精力学习，对自己进行提升，很多继续教育课程也非常有益。数据分析、外语培训等课程，对于提高职场能力大有裨益；而兴趣课程，比如咖啡师、服装搭配师、茶艺师等，也可以让业余时间充实、丰富起来。若是有心，还可以拓展第二专业，甚至第三专业，修习一些心理学的课程，对将来教育和引导小孩也有帮助。

有位老人给自己的两个儿子每人两套房子，一套用来居住，一套用来出租。后来，两个儿子事业不济，都下岗在家，每个月的工资只有几百元。但是依靠房租，每个月有3000多元的租金收入。在这样的情况下，两个儿子有了稳定的生活来源。

这个案例给人很多启发。尽管当前，房地产已经不能带来巨大的增值，但其作为固定资产，在不需要变现的情况下，可以出租，可以作为自己的住所，其保值作用依然很强。

如果有1000万，该怎么支配？

若是我，会选择一部分资金购买房产，另一部分资金用于股权投资。跟对项目，若是能投中，翻倍的收入很快就能让自己财务自由。而另外的钱，我会选择创业，跟几个朋友合伙，开一家咨询公司，或者自己成立工作室，在新媒体和融媒体时代，做自己喜欢的文创事业。

上述的选择是我个人的立场，当然还有很多其他的选择。但是，把鸡蛋放在不同的篮子里，是一个基本原则。《穷爸爸富爸爸》等理财书的核心理念，是让钱生钱，这永远比人追钱要快。建立在兴趣爱好上的事业发展，或者能更持久。

若有闲暇，也想踏遍万水千山，享受风景；但世事变幻莫测，给自己一点储备，为抵抗和防御风险做足准备，更为重要。世外桃源毕竟是理想，在生活的琐碎和压力下，用清醒的头脑打理财富，胜过被繁多的开销压得喘不过气。

祁昱和段薇因为财富观念和做法的不同，走上了不同的生活道路；对100万的财务分配，也只是一种假设。对于我们每个人来说，做个有心人，实现对财富的管理和掌控，才能从容地应对人生的风浪。

理财，就是对个人的钱财做出最明智的安排运用，使金钱产生最高的效率和效用，以达到个人资产保值增值的目的。你不理财，财不理你。现实告诉我们，当有了一定的现金资产，如果能够采取适当的理财手段，其获得的增值收入可能会远远高于日复一日的奔波劳碌。财富青睐那些聪慧而有谋略的头脑。

成长砝码

理财是一种生活方式，是智慧，亦有方法。树立理财的观念很重要，掌握理财的规律更为重要。毕业后进入工作岗位，面临事业发展、成家、生子等一系列规划，要未雨绸缪，多做打算，读些经济学和投资理财方面的书，用知识武装头脑，不断充电，让自己更具有经营生活的能力。积累“财商”，让自己的口袋渐渐富足，不仅能改善个人的生活品质，而且有利于提升婚后的家庭生活水平。早做打算，学会打理自己的财产和生活，对财务问题进行更多的考虑，而不是混沌度日，坐享其成。

不懂财务的你怎么理财

国内生产总值、消费者物价指数、银行间同业拆借利率、资产负债率、投资回报率……对于大多数人来说，这些金融和财务术语都较为高深。尽管不是人人都精通财务专业知识，但理财的常识对每个人而言都是不可或缺的。

我和娜娜在经济学在职研修班的课堂里认识。她与我一样，是不懂财务的外行。我们这些非专业人士该如何理财？这恐怕是理财课上老师遇到的最多的问题。

老师的解答让我们茅塞顿开：不懂财务与掌握理财方法并不冲突，许多精通财务知识的人未必懂得理财，而许多理财高手也不是财务领域的专家。这二者没有必然联系。

许多年轻人都具备投资理财的观念，但对于具体如何进行投资理财，却往往一知半解。常常是听某个朋友说起哪只股票或基金较好就跟投，而缺乏系统的规划和安排。

“其实要掌握理财的方法并不难。”老师对我和娜娜说，“只要熟悉基本的理财工具，掌握不同阶段的财务配置策略，就可以行动了。”

我和娜娜认真地拿出纸笔，进行记录。

首先，要了解一些金融基础知识。金融产品就是投资工具，或叫投资品种。投资工具主要有储蓄、保险、债券、基金、股票、期货、外汇、黄金、房产、收藏等。任何投资工具都有自己的优缺点，衡量一个投资工具的指标主要有安全性（风险性）、收益性、流动性。其中，安全性和收益性是反向的，即越安全的工具，获利能力越弱；或者说风险越高的工具，获利能力越强，如期货。这就是投资原则中的风险与收益原则。

对家庭而言，低风险理财，包括储蓄、保险和债券投资等。风险理财，包括股票、期货、外汇、黄金、基金等。增值理财，包括房产投资、文物收藏等。

其次，要掌握家庭生命周期中不同阶段的理财策略。理财是人一生都在进行的活动，将伴随人生的每个阶段。而在每个阶段，家庭的财务状况、获取收入的能力、财务需求与生活重心等都会不同。这样，理财的目标也会有差异。家庭生命周期，可分为四个阶段，而每个阶段又可以从四个方面体现，即时间段、收入、支出和状态。

第一阶段，家庭形成期，约在25岁至35岁之间，从婚姻开始到孩子出生。这个阶段的人事业处在成长期，追求收入成长，家庭收入逐渐增加。除了一般的家计支出、人情往来、继续教育等，多数人还背负着房贷月供，并为生子做准备。“月光族”和“卡奴”是这个阶段比较常见的群体。这个阶段理财较为适合的方式是货币基金和定投。因为这个阶段结余有限，所以需要采取这两种兼顾安全、收益、流动性和门槛低的投资方式。另外，这个阶段的风险承受能力强，可以适当拿出部分资金去投资股票类资产，但是如果对投资了解不多，一定要咨询专业人士，而且可以选择投资股票型基金的方式来降低风险。

第二阶段，家庭成长期，约在35岁至55岁之间，从子女出生到子女独立。处于事业的成熟期，个体收入大幅增加，家庭财富得到累积，还有可能得到遗产继承。但支出也很多，如父母赡养费用、正常的家计支出、人情往来、子女教育费用，还要为自己的健康做出支出准备，有一定的经济基础后还要考虑换房、换车等。总体状态是责任重、压力大、收大于支、略有盈余。这个阶段可以考虑债券、基金、银行理财，以及股票型基金等偏股类资产，还要给家庭支柱买好保障类的保险产品。另外，可以开始定投，为退休做准备。有实力的可以考虑信托、私募股权基金、对冲基金这类产品。

第三阶段，家庭成熟期，约在55岁至65岁之间，从子女独立到退休。这个阶段正是事业鼎盛期，个体收入达到顶峰，家庭财富有很大的累积。支出体现在父母赡养费用、家计支出及人情往来，同时要考虑为子女购房的费用。状态是收大于支、生活压力减轻、理财需求强烈。这个阶段需要采取较为全面的资产配置方式，既包括稳健型理财方式，如固定收益类信托产品、债券、银行理财等，也包括一定比例的权益类资产，如股票、股票型基金、私募股权基金、对冲基金等，还可以为养老做定投储备。

第四阶段，家庭衰老期，约在65岁至90岁之间，从退休到夫妻一方身故。正常的收入有退休金、赡养费、房租费用，还有一部分理财收入。支出体现在正常的家计支出及健康支出，还有一部分休闲支出，如旅游等。状态可能是收不抵支，需要子女帮助。这个阶段适合分级基金固定收益份额、债券、债券型基金、银行理财和存款等非常稳健的方式。

最后，老师告诫我们，一定要根据风险承受能力选择投资方式和理财工具，根据自己的财务状况量入为出，不可过分追求收益而让自己陷入困境。“当然，投资中的失败也在所难免。”老师宽慰我们，“在投资中，没有人不犯错误。理财的实战是一个摸爬滚打的过程，也是一个不断在错误中修正和成长的过程。”制订计划、付诸行动，并及时总结成功的经验和失败的教训，相信日积月累，定会有不菲的收获。

成长砝码

理财不是要等到有很多钱才开始，而是越早开始越好。精细理财，可以尽早让资本进入快车道，迅速实现财富增值。盘点现状，整理自己的资产负债表，了解自己的消费习惯和风险承担能力，使用记账软件制订理财预算，了解不同理财工具的特点，逐步掌握运用理财工具的方法，找到适合自己的方式，在实战中总结提升。持之以恒，让财富在不知不觉中集腋成裘，为幸福人生添砖加瓦。即使不懂财务也不妨碍理财的顺利开展，关键是停止观望和迟疑，开始行动。

提高投资段位，与业内人士交朋友

宁海是一家私募基金的投资总监。从业近 10 年，他在投资方面积累了不少成功的经验。与他交流，我了解到更多金融行业人士熟知的理财定律。

1. “复利的 72 法则”。即用 72% 除以每年的回报率，得到的数字就是总金额翻一番所需的年数。举例来说，假设你现在有 10000 元，年收益率 15%，那么连续 20 年，总金额会达到 163665.37 元；连续 30 年，总金额会达到 662117.72 元；连续 40 年，总金额高达 2678635.46 元。也就是说一个 25 岁的上班族，投资 10000 元，每年收益 15%，到 65 岁时，就能成为百万富翁。72% 除以 15%，是 4.8 年。也就是说 10000 元，在 5 年后就能翻一番变成 20000 元。

2. 标普家庭资产象限图。根据资金的用途，将家庭资产分为 4 个账户，占比分别为 10%、20%、30% 和 40%。其中，日常开销账户占家庭资产的 10%。要花的钱，数量大概是家庭 3—6 个月的生活费，最好放在活期储蓄的银行卡中。这个账户保障家庭的短期开销，衣食住行用都从这个账户中支出。

杠杆账户，占家庭资产的 20%。保命的钱，专门解决突发事件的大额开支，一定要专款专用。保障在家庭成员出现意外事故、重大疾病时，有足够的钱来保命。这个账户主要是意外伤害和重疾保险，可以从一定程度上增强自己抵抗风险的能力。

投资收益账户，占家庭资产的 30%。生钱的钱，用有风险的投资创造较高的回报，通过股票、基金、房产等，为家庭创造高收益。这个账户的关键在于合理的占比，也就是要赚得起也亏得起，比如在最近的股市震荡中，无论盈亏，对家庭都不能有致命的打击。

长期收益账户，占家庭资产的 40%。保本升值的钱，比如养老金、子女教育金、留给子女的钱等。这个账户一定要保证本金不能有任何损失，同时还要抵御通货膨胀的侵蚀，所以收益不一定高，却是长期稳定的。这个账户最重要的是不能随意取出使用，不能为了买房或者装修就用掉养老金。每年或每月都要有固定的钱进入这个账户，才能积少成多。可以让银行或者理财平台定期从银行卡扣除一部分资金，省时省力，又能养成存钱的好习惯。

3. 80 定律。在投资的过程中，关于风险和年龄之间有这样一个定律——80 定律，指在投资时，购买高风险产品的资金比例不能超过 80 减去你的年龄，即：（80 —你的年龄）× 100%。

不同年龄需要承担的责任不相同。随着年龄的增长，抗风险的能力会相应地减小。年轻的时候我们有很多试错的机会，当年纪越来越大，我们就应该冷静下来，考虑投资风险给我们带来的隐患。

4. 保险“双十定律”。家庭保险设定的合理额度应该是家庭年收入的 10 倍，年保费支出应该是家庭收入的 10%。例如您的家庭收入有 12 万元，那么总保险额度应该为 120 万元，年保费支出应该为 12000 元。

5. 房贷“三一定律”。每月的房贷金额以不超过家庭当月总收入的三分之一为宜，否则您会觉得手头很紧，一旦碰到意外支出，就会捉襟见肘。

懂得理财的基本规律后，就要开始着手实施。

一是设定理财目标。让目标清晰、可行，才能制订出较为明确的理财计划。可以将计划分为短期、中期和长期，根据不同阶段制订具有针对性的小目标。

二是审视财务情况。一份好的记录可以让自己掌握当前的财务情况，进而计算出净资产。这也是大多数理财专家计算财富的方式。只有清楚每年的净资产，才能知道自己又朝目标前进了多少。梳理家庭资产、家庭负债、资产与负债的价值评估、家庭收入、家庭支出。

三是明确理财阶段。针对家庭生命周期确定自己所处的阶段，进行理财产品的配置。

四是优化资产配置。根据已知的可自由投资的资本、每年的收入与结余，计算出每年需达到的收益率。选择投资品种进行组合，并考虑风险承受能力。

五是跟踪账户信息。对家庭当前的财务状况和相关信息进行盘点，对各种现金活期类账户的收支情况及余额值、实物资产账户的价值增减情况、投资账户的交易与收益、债务类账户的负债变化情况等进行实时掌控。

六是重视开源节流。很多人在刚开始时会抱怨拿不出更多的钱去投资，从而实现其经济目标。其实目标不是依靠大笔的投入才能实现。削减开支，节省每一元钱，即使很小数目的投资，也可能带来不小的财富。

股权投资成为近年来风靡的方式。但是，这必须有合适的项目，跟对合适的人。宁海就是一个喜欢研究股权投资的人。他从事基金业数年，积累了不少客户资源。

他的投资组合中，股票、基金和股权投资占据了很大比例。宁海参与股权投资的资源和机会，通常不对公众开放。对于我们大多数非业内人士，该如何找到这些小众的投资机会呢？

“跟投是一种方式。前提是找到靠谱的合作者。”宁海说。

那么，多与金融行业人士交流，建立朋友关系，多渠道了解投资信息和机会，就成为我们这些理财“菜鸟”迅速升级的途径。

最后一个问题，是关于基金定投的。宁海告诉我，他认为更实用的方法，是在股市中选择基本面优秀、治理规范、历史分红稳定且预期确定的优质公司，定期买入特定数量的股票，获得固定的年度分红，同时有一定概率能获得因股价上升所产生的风险收益，收益率通常比基金和定期存款高很多。当然，这只是一小部分人的选择，大多数人依然通过定期、债券、货币基金或股票基金的方式，作为强制储蓄的方式。

“我提供的只是方法和建议，具体操作还要根据你的实际情况进行。”宁海说着，打开手机软件，开始研究他的股票。在耳濡目染下，我也懂得了一点股票投资的知识。听说有个好友在他的建议下买入了一只股票，近期赚到不少钱。看来，金融方面的资讯与攻略，还是业内人士掌握并知晓得更多！

成长砝码

索罗斯曾经说过：“如果你自认为是成功的，那么你将会丧失使你成功的过程。”金融业内人士长期在实战中摸爬滚打，无论是理论还是实践都有丰富的积累。如果我们能保持谦虚的心，多向这些内行人士讨教，能够帮助自己迅速扫除知识盲区，获得有益的投资消息。如果能与之建立长久的联系，成为好友，跟随这些业内人士投资的脚步，也许会有意想不到的机会和收获。术业有专攻，无论是否以投资为目的，与金融专业人员打交道，都能够获知一些方法和技巧，提升自己投资理财的水平。

跑赢通货膨胀才算理财成功

通货膨胀会使货币的购买力下降，这已经是常识了。理财的目标是资产的保值、增值，如果跑不赢通货膨胀，理财的目标会大打折扣。

从历史来看，每个经济周期中，通货膨胀来临前的一个典型特征，就是部分资产价格开始大幅上涨，而且这种上涨往往先于日用消费品价格的上涨。因此，为了防范通货膨胀，最有效的一种方式就是在通货膨胀到来之前，将货币变成具备升值潜力的人民币资产，换句话说就是给手上的货币赋予“涨价”的权利。

说到人民币资产，它所涵盖的范围较为广泛，人们熟知的短期国债、公司债、企业债、货币市场基金、债券型基金、股票型基金、A 股和 H 股股票、银行理财产品、不动产以及期货产品、信托产品、私募产品、古董艺术品都属于人民币资产的范畴。

如果能有效地利用资产升值的空间进行投资，那么我们手中的货币不仅能避开通货膨胀的影响，还能赚得超额的利润。

原则一：流动性比收益率更重要

高通胀往往伴随着加息，在加息预期下，流动性比收益率更重要。时下现金的意义并不仅限于解决燃眉之急，更多的是一种机会，是对稍纵即逝的投资机会的把握能力。但是现金具有流动性强而收益低的特点，所以建议投资者进行短期运作以提高投资收益。

在收益可随利率浮动的产品中，首屈一指的就是货币市场基金。这类基金的配置重点可以是商业票据、银行定期存单、政府短期债券等短期有价证券，及时把握利率变化及通货膨胀趋势，获取稳定收益，因此具有防范通货膨胀的作用。相反地，中长期债券类就不具备利率同步浮动的功能。在通货膨胀来临时，央行加息使市场利率上升，同时也会导致债券价格下跌，因而债券类产品包括纯债券型基金、挂钩债券的理财产品都无法享受加息带来的收益。还有一些理财产品，虽然不与利率同步，但它的收益也向通货膨胀看齐。例如挂钩农产品的银行理财产品，当通货膨胀来临时，农产品价格的上升就能直接表现为产品收益的增加。值得注意的是，一般来说，这类产品是由银行从投行手中购买某个看涨或看跌期权，也就是说，银行募集资金大部分用以保本，而以投资期权的部分用来获取浮动的高收益，因此配置这类产品相对来说更稳健。

原则二：进行合理的资产配置

许多投资者认为投资是有风险的，但事实上，在当下的市场环境下，不投资更是一种风险。如何规避投资风险，最有效的方法还是资产配置。

在 A 股市场中，不同类型的上市企业，在通货膨胀中受到的损益是截然不同的。举例来说，食品生产企业由于受到上游农产品价格上涨的影响，削减了利润空间，间接影响了股价，所以通货膨胀对这类企业是不利因素。

资源类企业包括石油、煤炭、有色金属、黄金等，由于处于产业链上游，这些行业也会是通货膨胀环境下的受益群体。因此，无论是看好经济的乐观派，还是看淡经济的悲观派，都会不约而同地增加对资源类资产的配置性需求。

即使投资收益不能跟随市场利率浮动，只要收益本身能够覆盖可能到来的通货膨胀率，那么这类投资也具有防通货膨胀的作用。信托产品就是其中的一类，这类产品购入门槛较高，一般在 100 万元以上，虽然在市场利率上升时不能跟随浮动，但该类产品操作灵活，一般为 2 年期的产品，部分产品还可以通过转让形式变现。从相关数据来看，信托产品作为中长期投资的价值尤为明显，平均 5 年的复合收益率可以达到 40%，基本覆盖未来利率跳升的空间。

原则三：买保险变相升级储蓄

并不是所有人在投资领域都能如鱼得水。对于许多人来说，如果没有合适的投资渠道，或是风险偏好实在很低，储蓄还是最主流的理财方式。

但通货膨胀一来，现金储蓄就成了最脆弱的资产，“躺”在银行里的存款过两年再取出来时已经缩水了。

其实，储蓄并不只有存款这一种形式，买一份合适的保险其实就是在变相储蓄，而这份储蓄既有银行存款所不具备的保障功能，还有可能帮助个人合法避税。

更重要的是，有些具备投资理财功能的保险产品，其未来的分红和投资收益可以对抗通货膨胀——在一些产品中，即使现金分红不多，也可以采取保额分红，即以将当期红利增加到保单的现有保额上的方式对抗通货膨胀。

在物价正常时期，或是对通货膨胀程度预期并不高的时候，人们一般可以购买寿险储蓄型产品为未来的各种财务需求做准备：既有养老保险，也有产品可用于子女教育、婚嫁、创业等。

一方面，每年支出的资金压力很小；另一方面，退保可能面临的损失会强化计划推进的约束机制，使家庭的避险计划成为“强迫储蓄”。

由于此类产品的预定利率始终与银行利率同沉浮，在通货膨胀期，虽然名义上收益较高，但也很难高于物价的涨幅，所以此类产品难以抵御严重的通货膨胀。

事实上，投资者还有第二条路可以选择。比如投资型寿险产品中的分红险，其优势在于保险期满可还本付息，且由于资金将主要投向基金、债券和包括协议存款在内的银行存款，投资者将分享保险公司在这个险种上的经营成果，既具有一定的保障性，又具有风险投资的特质，还可进行合法避税。但作为一项长期规划，前期获利不高。

除此之外，较为激进的投连险，以及介乎稳健与激进之间的万能险，都是可根据不同人群需求购买的防通货膨胀利器。前者效用如同买股票、买基金等投资，而后者有 2.5% 的保底利率，且每月保险公司都会根据市场和经营状况调整结算利率，长期的投资收益也可有效抵御通货膨胀。总而言之，如果始终对通货膨胀保持警惕之心，希望防患于未然，不妨把理财型保险也放进资产配置的篮子中。

成长砝码

懂得投资理财的基本方法，还要灵活运用方法，适应大环境的变化。在物价飞涨、通货膨胀的情况下，及时把握利率变化及通货膨胀趋势，获取稳定收益，进行合理的资产配置，运用股市中的收益与通货膨胀的板块进行风险对冲，适当配置理财型保险，都是应对通货膨胀的有效方法。关注经济新闻，了解最新进展，懂得通货膨胀的知识和原理，对投资理财进行规划，找准方式，才能跑赢通货膨胀。让钱更值钱，而不在经济泡沫中贬值，考验智慧，更激励人寻找更好的方法。

玩转信用卡，成为卡主而不是卡奴

巧用信用卡免息期收益或超活期存款10倍。银行信用卡有20天到50天不等的免息期，而多数持卡人并没有很好地利用。若能巧用“沉睡”在活期账户中的“信用卡还款金”，也能获得比活期储蓄高近10倍的收益率。

方女士上月刷信用卡购买了一台电脑，这个月月底正好是还款期。“其实当时刷信用卡的时候，借记卡里就有1万元流动资金。”方女士说，1万块钱放在活期账户上也没有多少利息，但若是投资货币基金，效果就大不相同了。假设一只货币基金的平均7日年化收益率为3.45%，按此计算，1万元资金在20天和56天的周期中，货币基金所产生的收益分别为19.17元和53.67元。如果存活期，收益仅为2.78元和7.08元，两者收益率相差近10倍。

方女士的理财方法是，每月发薪后，留出部分备用，剩余的钱购买货币市场基金，平时的开销则尽量刷卡，她把基金的赎回日定在信用卡还款日前两天，这就等于用赎回的基金的钱去还信用卡的钱。虽然目前货币市场基金收益率在2%左右，但还是比银行活期储蓄的收益高不少。每月到基金赎回之日，就能赚到两者间的差价，获取间接“货币”收益。

这种利用免息期，间接用信用卡投资基金获益的方法，是不错的理财技巧。但是，投资基金毕竟有一定的风险，用这种方法购买基金时一定要考虑自身的偿还能力，避免因偿还能力不足和透支额超过信用额度，被银行“罚款”。

叶萍的工资收入属于中上水平，原本日子过得比较滋润。但自从买车后，除了每月须还3500元车贷外，每月的汽油、保养等消费支出亦不菲，日子过得比以前紧多了。一次，叶萍和一位在银行工作的朋友聊起此事，后者建议她到银行办理3张信用卡交替使用，这样就可享受长达50天的小额免息贷款，最大限度地缓减车贷和日常消费的压力。

具体操作如下：叶萍办了3张信用卡，账单日分别是每月5日、11日和月底。在每月6日到12日期间，先刷账单日是5日的卡，得到最长的免息期。在12日到月底期间，刷账单日是11日的卡。每月1日到5日，刷最后一张卡。由此，即可将每月的大额消费分解到近3个月的时间里。

虽说使用信用卡，若在账单日的第二天开始消费就能享受最长免息期。不过，信用卡一多，也容易搞混账单日。所以，除了应合理掌握每张信用卡的消费额度，还应制订一张明细表，不仅要记清每张信用卡的账单日，还款日也须逐项列明，以免因耽误还款而被银行罚息。

信用卡其实是一个提前消费的载体，允许持卡人在备用金不足的情况下信用支付，同时具备取现、网络支付等诸多功能。目前，在国内大多数银行申请信用卡的同时会免除用户的首年年费，开卡赠送积分礼品。但是，银行在提供便利的同时，通常也会设下许多规矩。使用信用卡要警惕以下陷阱：

陷阱1：误将信用卡当储蓄卡

对于信用卡而言，存款无利息，取款反而还要收费。不只是透支取款要收费，就连取出溢缴款（自己存入的款，而非信用卡中的款）也要收费。手续费在取款金额的1%—3%之间不等，有的银行还有每笔下限。透支取款不同于透支消费，它是没有免息期的，从取款当天开始，只要隔夜，就会产生每天万分之五的利息，并且每月计算复利。年化利率接近20%，远远高于贷款利率。而且，如果在最后还款日没有还上最低还款额（10%），不但有万分之五的利息，而且有5%的滞纳金。

陷阱 2：超限费的陷阱

借记卡余额不足就不可以再刷，而多数信用卡支持超信用额度刷卡，称为超限。但是如果在账单日之前不把超限部分还上，就会有超限部分 5% 的超限费。信用卡毕竟不是存折，用户不能随时看到明细，往往不知道信用额度还剩多少，就这样稀里糊涂地被收取了超限费。

陷阱 3：欠款的陷阱

信用卡利息是按利滚利计算的，方式是：第一个记账周期（第一个月）产生的利息，滚到下一个记账周期时作为本金，然后该笔转为本金的利息又开始计算利息。而按揭购房的利息是一次性计息，一般是一年调一次。信用卡欠款时间越久，利息就会像滚雪球一样越滚越多。如消费者透支本金 7000 多元，第一个月利息只有 69 元，当累积到第 18 个月时，当月利息就达到 153 元。18 个月利滚利的利息总额为 2200 多元。

陷阱 4：最低还款的陷阱

最低还款额只是保证持卡人使用信用卡的信用额度不受影响，并非每月偿还最低还款额就可以万事大吉。如果每月只按最低还款额还款，需要另外支付利息，以从上一个记账日开始所欠透支金额为基数，按照每日万分之五计算。

陷阱 5：双币信用卡制度

很多信用卡是双币信用卡，人们通常认为用美元支付、用人民币还款比较方便。但在还款过程中，持卡人还款需要承担汇率差额，相对还款额度可能偏高。比如一周前透支时的美元结算汇率，比一周后还款时的美元结算汇率低，消费者就要多支付差额汇率，因为还款时是按照还款之日的汇率计算的。使用人民币账户偿还外币账户，还需要在银行另行签订协议，并非开卡时就自动激活该功能。

陷阱 6：年费陷阱

很多银行规定不激活卡片也要收取年费，一部分卡种甚至规定核准卡片之日起 2 个月内要刷一次卡才可免首年年费，有的要求一年内必须刷够几次才能免年费。通常用户只能通过电话咨询才能得知如何避免年费，这在无形中增加了许多风险。

信用卡是双刃剑，一方面提供便利，另一方面隐含着风险。学会使用信用卡，成为卡主而不是卡奴。

成长砝码

信用卡亦有大学问，会用信用卡是一种技能。信用卡不仅意味着透支消费和享受较长的免息期。若是用得好，它可以成为管理财富的工具。巧用信用卡，不仅可以将手头的固定储蓄盘活，加以充分利用，产生更多的收益，还可以累计信用积分，兑换礼品，享受更多的权益。同时，看似普通的信用卡也有风险，要牢记账单日和还款日，并严格遵守银行的要求，科学合理地使用信用卡，避免超前消费和恶意透支，维护自己良好的信用记录。信用卡不是一张普通的银行卡，因此要对其使用方法进行了解，研究其中的规律，让其助力财富增值。

适度让利，往往能得到更多收益

几年前，彭慧以30多万的总价全额购买了一套小公寓。两年后，房产证到手，她打算卖出。若是把公寓留着，也可以出租。但因为这套公寓是loft，而且离新开通的火车站较近，同时紧邻即将启用的地铁站，因此在理论上仍有升值的空间。

但是，彭慧下定决心要把这套公寓卖掉。她说，不仅是因为资金周转的需要，更多的考虑是自己此时卖，给买家的价格可能不是最高点，但可以让买家享受购买到房屋后的那一段升值。与人方便就是与己方便，不可把钱都赚走，让买房的人也有盈利点，才更有售出的可能。

本着这个原则，她联系了房屋中介，最终以50多万的价格售出这套公寓。

戏剧化的是，在她卖出这套loft公寓不久，房产市场被严控，直到现在，这座楼盘的公寓都再难达到她卖出的成交价。她成功地在最高价位将房子出手。

她之所以在短时间内卖出不错的价格，还有两个原因。一个原因是她对房子进行了装修，而装修的开销并不大。对于loft公寓而言，用隔层全部封起，成为上下两层空间，不仅开销大，而且一层采光不好。她考虑再三，决定做半封闭，只封15平方米的空间，而另一半做挑空处理。这样，在挑空部分安装3米长线吊下来的复古灯，又在窗边装了4米的窗帘，于是简单的公寓呈现出高档感，十分抢眼。在众多竞争的出售房里，她的公寓频频被光顾，最终也以较高的价格出售。

另一个原因是她给中介一定的物质奖励，从出售价格中减去5000

元付给中介。而中介因为有这个激励，特别积极，不仅一个人在网上主推，而且发动全店力推这套公寓。于是她的公寓在短时间内脱颖而出，吸引了很多买家的注意。

彭慧的购房和卖房经历令人印象深刻。都说房地产已经过了黄金时代，房住不炒的理念深入人心，在这样的情况下，投资房产依然赚了近一倍，解决了短期的流动性资产问题，改善了生活品质。选择在合适的时机变现非常重要。不把钱赚满，留给买家适度的获利空间，才能在逐渐退潮的房地产市场中得到利益，而不是被高位套牢。

斯未尔诺夫伏特加酒厂的经理休布兰是一位踌躇满志的企业家。他在20世纪60年代遭到沃尔夫施密特酿酒厂的全力进攻。这种进攻，以价格来决定胜负。沃尔夫施密特酒每瓶价格比斯未尔诺夫伏特加酒便宜1美元。很明显，市场霸主在受到挑战后处于相当不利的地位：如果降价，就会损失大量的利润；如果不降价，那么它原有的销售额就会被降价的对手逐渐夺去，结果也是利润下降。

怎么办呢？休布兰对沃尔夫施密特酿酒厂的进攻佯装不知，反而把斯未尔诺夫伏特加酒的价格提高了1美元，使它每瓶比沃尔夫施密特酒贵2美元，以“显示”他卖的酒确实是一种“更好的”伏特加，让对手任意降价抛售。然后，休布兰又出了两种新牌子酒：一种伏特加的价格和沃尔夫一样，另一种则比它便宜1美元。

这样，休布兰很快扭转局势，继续控制市场，而且销路增加很快，1982年出售733万箱。而沃尔夫施密特酒呢？卖出126万箱，仅为前者销量的1/6。

灵活运用价格策略，不仅不会损失，而且会获得更多的收益。在千帆竞逐的市场中适度让利，不独占优势，是一种经营哲学，更是一种人生智慧。

成长砝码

具备商业思维的人，懂得如何运用价格优势，获得更理想的结果。很多时候，要想获得较大的利益，必须懂得让利和付出。让利，看似自己少得利，实际上能让自己获得更多成功的可能，在某些情况下甚至可以得到更多的收益。合作共赢是可持续获利的重要法宝。与人合作，要具备不将利益占尽的思维，懂得退一步海阔天空，善于与人分享，从而获得更广阔的发展空间。在经营中，赌徒思维常常会让一个人陷入万劫不复的境地。我们要懂得适可而止，避免一意孤行。

买东西在精不在贵

有篇文章叫作《会买东西的女子是怎么购物的》，大意是奢侈品在精不在多。虽然有很多的选择，但会买东西的女子，总是选择自己最需要的。

莫丽是一家服装折扣店的销售。我与她相识，确实是巧合。曾经有个好友带我到这家名品折扣店买衣服。她给我们一些购物指导和帮助。在交谈中，我发现她与普通的销售不同。她会根据我的外形、个性和气质，推荐最适合我的衣服。

“你身材高挑，所以应该选择一些长款大衣，这样显气质！”

“这款毛衣不适合你，因为你腰腹部微胖，这个修身效果会凸显你的缺点。”

“这件啊，你10年前选择还行，现在穿有点不够成熟，不符合你的年龄。”

“这件短款上衣搭配这条裤子比较合适，我给你拿来，你试试看。”

在她的帮助下，我找准了自己的搭配定位，很快就选择到一部分适合自己的精美服装。后来，我们加了微信好友，她经常会把店里适合我的衣服推送给我，我也省去了很多盲目逛街购物的时间。

精准推送，找准目标客户的定位，是莫丽销售业绩一直领先的秘诀。对我们个人来说，这又何尝不是购物的原则？在众多的选择中，适合自己的，并且是当下所需的，其实并不多。可买可不买的，就先搁置，也许过一段时间就不喜欢了。特别亟须的，找准几家固定的品牌店，有的放矢，更能契合所需。

上次跟好友茶叙，带了一个手工包。她见到我非常欣喜，也连连夸赞我的包有特色。“其实真的不贵，是一个手工店做的，我比较爱收集这些。”“那也比香奈儿、LV 这些划算得多啊！”“奢侈品是好，但是我觉得别致和个性化的东西更对我的胃口。”

说起来，我的几个手工包都不贵，是在一家手工坊定制的，根据自己的喜好，选择喜欢的布料和款式，加工而成。

不仅是包，有些化妆品，代购价比专柜价格低，而在有些专营化妆品的网店，也会有很多收获。朋友从国外回来的时候，时常给我带些小物件，比如香水、润肤霜等，价格实惠且品质较好，令人惊喜连连。

最重要的不是买昂贵的产品，而是知道什么适合自己。这需要一个漫长的探索过程。就像服装要契合自己的身份和职业，并分场合进行不同的设计和搭配，化妆品也要选对，若是油性皮肤，就选择控油的；干性皮肤要选补水保湿效果强的；而混合皮肤，则要根据不同的需要选择适宜的。

佟倩冬天穿了一双非常好看的翻毛皮靴子。她说这双靴子跟随她已有 7 年，但经过精心的打理和养护，依然精美如新。她说，用 7 年的时间打理和穿一双好靴子，胜过每年买几双廉价靴子过季就扔掉。在她看来，如果买一双耐克鞋，穿一个星期，胜过买几双廉价运动鞋每天换着穿。毕竟，她更看重舒适度和品位。对于消费来说，已经花了基础的价格，再加一点，或许能获得更好的品质。若是心疼这多出的部分开销，买的东西因为不喜欢而长期搁置，那基础价格也浪费了。

“花双倍的钱买好的。”尽管廉价的鞋子或衣服样式可能较为丰富，也许会更加时髦，但追逐时尚毕竟不能长久，还是要提升品位与档次，坚持多花些钱，买好的，买实用的，买最适合自己风格气质的。

总有些物品带有岁月的烙印，值得用心体会和珍藏。恋物，极简，二者并不矛盾，重要的是宁缺毋滥。用实惠的价格打造出色的形象，才是明智的。

成长砝码

极简主义下，“断舍离”是一种智慧。尽管很难，但是做到后，会发现能腾出更多的空间，经济上也不再捉襟见肘。喜欢购物的姑娘不妨精简一下自己的购物车，删除那些目前不是很需要的，加点钱，换成最想要和最心仪的。与其不断购入大量廉价的货品囤积，不如一个季节只购买两三件经典款，既节省开销，又精简衣柜，而且提升档次。贪图打折便宜或参加各种促销活动，往往抑制不住消费冲动，反而购入一些不需要的东西。选择最需要的，可买可不买的先缓缓，在不知不觉中就省下了大量不必要的开支。

Chapter 4

第四章

精练表达，智慧的你进退有度

见面打招呼，制造话题是本领

在电梯间里，偶尔会碰到单位领导。第一次碰到一个高层领导的时候，我没有打招呼，就是点头微笑，然后沉默。

出电梯后，回到办公室，突然接到一个电话，是刚刚电梯里另一位中层副职打来的。“你认识刚才的领导吗？”“我见了眼熟，但是不知道他的名字。”“那是我们单位的 W 领导啊。下次再遇到这样的事，要记得打招呼。”

这个中层副职的话，给了我很大的提醒。而见面打招呼，这个看似简单的举动，却不是人人都能做到，或者不是人人都能做好。

吸取这次的教训，在后来的工作点滴中，特别是走在路上的时候，我开始注意观察和留意身边的人。来来往往的同事里，有些是熟识的，有些不太熟悉，有些非常陌生。而见到每个人都点头致意，送上一份问候，渐渐成了一种习惯。

又是电梯间里的偶遇。这次遇到的是另一位高层领导，但起先我并不知道他的领导身份，也不知道他的名字。从年龄、气度和举止可以看出，他至少是位资深的老前辈。我大方地打招呼：“您好。我是 Q 部门的。请问您是？”“赵××。”他简洁地回答。我虽然不熟识领导，但名字是听过的。心中“咯噔”一下：遇上大领导了。

稳了稳心态，我主动介绍自己：“领导好。我是 Z 大学毕业的，研究生在美国留学，一直是学法律的。”“哦，那你外语很好吧。”“谢谢，还可以。”“你从美国回来，又考到我们单位，不简单。”“谢谢领导夸奖。”

后来，这次偶遇很长一段时间并没有引起我的回忆。

直到有一天，我突然接到办公室外事办的电话，说有个外事接待活动，领导想让我参加。我后来得知，这个领导就是上次电梯里偶遇的那位。不经意间的自我介绍，在短短几分钟里就给领导留下了印象，也给我的事业带来了意想不到的机遇。领导因为这次偶遇认识了我，从陌生变熟悉，也因为了解到一些背景信息，在接待外宾的活动中有意带上我，一方面让我协助进行翻译，另一方面也让我增长了见识。在那次接待活动中的出色表现，让领导和办公室的同事都对我高度赞许，而我在帮助单位圆满完成外事接待任务的同时，也展示了自己的能力。

这一切，都源于那次偶遇和勇敢的打招呼。

在生活和工作中，我们会遇到很多人，也难免有很多共处的机会，有些长久，有些短暂。如果能适时地、恰如其分地展开话题，聊聊天，无疑会给自己的事业发展和人际交往打开许多扇门。

话题可以有很多，和不同的人聊些不同的话题，不经意的话题展开中，蕴含着修养、底蕴和应变的智慧。

每次在进单位或者等电梯的时候，都会遇到很多人。人多的时候，话不要太多。因为众人的环境中很多人在听，也不乏有些人已经开始展开话题。

若是只有两三个人，则要找点话说，免得冷场和尴尬。聊天的话题，可以是外界环境，可以是共同的交集，可以是经历过的事，也可以是对一些事情的看法，视情况和氛围而定。

有次，进单位大门的时候，遇到一个部门的男同事，我们聊起了上班的通勤。“你怎么来的？坐地铁还是开车？”“我是骑单车来的。”“真健康啊。”“是啊，现在天气还不是特别冷，距离也比较近，骑车很方便。”“那真不错。”随即，电梯到了，我们分头走向办公室。

还有一次，我在等电梯的时候遇到一个同龄女子。“今天的衣服真漂亮啊。”“谢谢！这是以前的衣服了。”“这件衣服款式很特别，你穿也很有气质。”“谢谢。你的衣服也很好看。对了，最近单位旁边的奥特莱斯打折，有时间我们可以一起去看看啊。”“好啊，我正好要买双鞋。”不知不觉间，电梯就已经到了。

几句话、一个微笑、轻松的交流，能让关系和气氛活跃起来，给彼此的关系带来温暖。淡淡展开的故事，“润物细无声”的体谅和关怀，让人与人的关系瞬间拉近，而这一切都会让随后的工作在温和、融洽的环境中展开。工作氛围是有序、紧凑、严肃的，而和睦的人际关系和彼此的认同，会让工作关系不生硬，充满节奏，即使有摩擦，也能彼此包容，化干戈为玉帛。

长此以往，给人留下性格好、好相处的印象。口碑好，办事自然也会更加顺利、顺心。

成长砝码

开场白最难，也最体现一个人的交际能力。只要突破自己心理上的怯懦，主动打招呼，主动找话题，主动伸出手，建立更多的交流，人与人之间的关系就能破冰。能够主动交谈是情商的重要体现，要学会与交谈对象聊符合彼此身份和关系的话题，在尴尬的时候找到合适的话题，在交流态度和方式上多下些功夫。人和人多半都不是朝夕相处，短暂的碰面是一种常态。在这擦肩而过的时间里，用几句得当的交流增进彼此的了解，传递亲和力，让人感到暖意，让气氛更加活跃。再遇见时，陌生人就变熟悉了，更多交流自然就展开了。

捧人要得当，自谦有限度

赞美之词若是过于满溢，会令人不舒服，甚至有虚伪的感觉。谦虚是一种美德，但在人际交往中，过于谦虚并不好，容易让人觉得不真实、不自在。而若是谦虚过度，会让人感觉虚伪。面对他人的赞美与称许，有礼有节地表达感谢，比一再强调“哪里哪里”效果更好。讲究分寸、恰到好处的谦虚，才能受人欢迎。

赵莉成功策划公司的年会，得到领导的赞扬，在同事中也广受赞许。而有个新入职的姑娘小李，赞美的分寸掌握不好，不仅在公司的微信群里发了“赵姐聪明能干，真是女中豪杰，堪称职业楷模”这样的溢美之词，还多次在领导和同事面前表达对赵莉的赞扬。直到有一天，赵莉在吃饭的途中，半开玩笑地跟小李说：“小李啊，你知道有种折杀人的方式叫‘捧杀’吗？我也就是公司里普通的一员，没什么特别之处，以后少些恭维的话比较好啊！”

小李脸上红一阵白一阵，只得苦笑着说：“姐，我是真的很崇拜您，那以后我多注意。”

有次午餐时间，景枫和同事闲谈，说到职业理想，她说：“我可不想当部门经理，全公司比我优秀的人那么多，哪里轮得到我啊。”对面的孙凯立刻反驳说：“你这话听上去很谦虚，其实一点都不谦虚。我们公司谁不知道你这个大才女，学历高、能力强，干到部门经理还不是早晚的事！”

赞美别人要讲求策略。比如，赞美一个女人漂亮就大有学问。对于容貌绝佳的女性，她已习惯别人的赞叹，不妨用些新颖的方式，例如用比喻去赞美她；对于一个明显较丑的女性，如果虚假地夸赞她的容貌，她会认为你在讥讽她，而引起她的反感，最好是去发掘她的气质、能力或性格；而普通的女性也是需要赞美的，因为其身上有美，并且向往美，渴望被人肯定。

可以赞美女士的修养。一种好的气质，可以使一位普通的女子变得十分迷人，因为良好的修养是一种内在美、精神美、升华美。也可以称赞一个女子的能力。现代社会，女子在事业中表现出非凡的能力，在取得很大的成就时，女子希望这个社会能认同自己，肯定自己。除此之外，生活中女子的能力也值得称赞。日常家务，如烧饭做菜、收拾房间、照顾孩子，这些虽然是小事，却能表现出女子的动手能力、审美能力、教育能力。虽然女性喜欢甜言蜜语，但并非喜欢太过花哨的话，所以赞美她时多用些实际的语言，真诚地表达，不要刻意修饰。

赞美男士会让他们有一种价值感，并由此充满自信。可以说，恰到好处的赞美像一剂强心剂。可以赞美男士的成功，但要把握“度”的原则。过犹不及，说得太夸张、太过分、太直白，就会被人当成追逐名利、爱慕虚荣和势利的人。因此，即使赞美也要掌握分寸。在赞美男士的同时，可以适当表达关心与体贴。比如：“王教授，您的书写得真好，我从中学到特别多的东西。不过您也要注意身体。少熬夜，多休息。”“李主任，上次的项目太棒了，多亏了您运筹帷幄。我跟着您也学到很多。最近太辛苦了，您多休息，有什么需要我做的尽管说。”这些充满尊敬与关切的语句，让人在喜悦的同时感到温馨。

恰当的崇拜、鼓励也是必要的。在激烈竞争的环境中，男士通常承受着很大的压力。一个成功的男士，即使在一定程度上达到自我价值的展现，也需要鼓励，尤其需要别人对他有信心。还有一些男士，春风得意的时候，往往会在别人的一片颂扬声中沾沾自喜、骄傲自满，而女性委婉的激励，有时就像一剂良药，会给头昏脑热的他们一点提醒，使其恢复冷静和理智。此外，也可以赞美男士的风度与仪表。

借他人之口赞美异性更显含蓄得体。有次聚餐，邵语碰到了以前的男同学。这位男同学事业有成，邵语很想与他保持良好的朋友关系，这时如果邵语说："你现在有很好的工作，又有成就，身边肯定有许多女孩。"这样说不仅让她看上去势利、缺少内涵，甚至会让这位男同学误会她在暗恋自己。因此，要避免这种误会，邵语就需要借别人之口。她可以说："听别人说你最近做了一个大项目。"或者说："他们说你刚开了一家公司，祝贺你。"

虽然事实上并不是别人说的，但这是邵语已经掌握的事实，她就可以说是听别人说的；至于是谁说，大可不必说出来，否则可能会引起不必要的麻烦；而用别人的话带出赞美，实际上是邵语的赞美。这样的话不仅能准确地传达她的意思、想法，还能使对方愉快地接受。

另外，借助别人的话来表达赞美，还有另外一种妙用。它能使立场模糊，变被动为主动。面对异性，不方便直接称赞对方时，不妨说："我听说你最近升职了。""难怪大家都称赞您能力强，现在我算是相信了。""我在前几天的报纸上读到您的文章，真是让人佩服！"这种借他人之口的方式，可以达到赞美对方的目的，让自己处于安全的位置，即使不准确也不必担责。

无论是赞美、自谦，还是其他话语，都要掌握分寸，不能把话说得太满。记得曾经帮一位导师做事情，我觉得事情非常简单，满口答应："放心吧，一定帮您做好。"导师立即更正说："你要说争取做好，而不是一定做好。"电影《我和我的祖国》中，林治远接到电动升国旗的任务后，回答说："治远必鞠躬尽瘁。"

尽力而为，不折不扣，但不把话说满，是一种智慧。这不仅不影响诚意，反而显出一个人的谨慎。对于朋友的请求，可以接受，但不要保证，应代以"我尽量"或"我全力以赴"等话语。如果斩钉截铁地说"这件事百分之百是这样的""就是这样""一定是这样的"，会让别人产生排斥感，心生怀疑、顾虑和偏见。倒不如说"多年的经验告诉我，这件事应该是这样的，相信我审慎的判断"。饭吃七分饱，说话留有余地，不仅给自己也给他人留有空间。

成长砝码

社交中的言谈直接决定交往的质量。同样一句话，不同的人能讲出不同的水平。不同的场合，对不同的人，讲出的话语也是不同的。没有放之四海而皆准的讲话标准，关键在于适宜与妥当。讲话不可太满，称赞他人的话要讲得中和，自谦的话要朴素自然。既要通过得当的语言清晰地表达观点，又不能给人留下咄咄逼人或欠考虑的印象。用婉转的语言将关系处理得圆融，是对一个人社交能力的考验，也是一个学习的过程。多观察和留心那些高情商的人的言谈举止和待人接物，就会逐渐成熟起来。

语气也是底气

接到电话的时候，我常常能判断出对方的年龄与底蕴。声音具有一种魔力，难以掩藏一个人的见识、修养和性格。

单位里常常有同事与外界交流，有些人很容易就得到对方的信任，有些人却很难。这常常由讲话的语气决定。

有位领导曾经和刚入职的年轻同事说："别总是用青春美少女的嗓音跟对方交流。要知道电话另一端的人可能社会经验丰富，你的声音代表着我们的形象。"

语气透露出的是自信和底气。在谈论一件事的时候，如果自己都不相信，别人又怎么会相信呢？在美国，一些政府要员、公司主管等人员是要参加声音培训的，而培训的重点就是降低声调。声音的力量是和音调的大小成反比的。我们见过许多吵吵闹闹的场合，管理人员越是大声，吵闹声或是依旧或是越来越大。厚重沉稳的嗓音会让人不由自主地安静下来，进而产生敬畏感。

使用电话必须完全依靠语言。在电话里声音是一个人的媒介，我们要努力通过电话给对方留下美好的印象。试想，当我们打电话给某公司，若一接通，就能听到对方亲切、优美的招呼声，心里一定会很舒服，心情也会随之愉快，双方对话自然能够顺利展开。同样说"你好，这里是 ×× 公司"，若声音清晰、悦耳、吐字清脆，会给对方留下美好的印象；相反地，声音倦怠、慵懒、有气无力，就会让人感觉得不到尊重，严重影响交流与合作。

接打电话时，我们要保持良好的心情，这样即使对方无法看到自己，也能从欢快的语调中感受到友好和活力。绝不能吸烟、喝茶、吃零食，即使是懒散的姿势，对方也能"听"得出来。如果一个人打电话的时候弯着腰躺在椅子上，对方听到的声音就是懒散的、无精打采的；若坐姿端正，声音就会更加动听。由于动作和面部表情会影响声音的变化，所以即使在电话中，也要抱着“对方在看着我”的心态去应对，尽可能地注意自己的仪态。

语气体现了一个人的社交态度，更浓缩了一个人的思想与底蕴。只有用真诚、坦然、自信的语气进行交流，才能建立起信任，在彼此认同的基础上增进了解。多为对方着想，用同理心关照他人，语气中自然会透露出关怀和体谅，进而实现尊重基础上的亲切交流。若能站在对方的立场上考虑问题，给出一个理由，用独立的见解、有说服力的语气进行沟通，则更容易获得理解和支持，推动双方在更加融洽的氛围中达成一致意见。

成长砝码

语气是一个人的思想和心态在言谈中的体现，有力而不失稳重的语气常常能带来感染力和感召力。温和的语气是一种润滑剂，能够在短时间内消除戒备，化解矛盾。用亲和而诚恳的语气进行交流，往往能给人际关系带来更融洽的体验。只有建立在平等基础上的交流，才能引起对方的好感。在谈判或办事的过程中，语气不能过于绵软，而要保持适度的铿锵与坚决，传递出不卑不亢的人格力量。在电话沟通的过程中，语气更是直接决定对方对自己的印象，掌握得当的语气，可以让自己在交流中有更多的主动性。

哪些话放在心里，哪些话该说就说

沉默是金，但若总是沉默，别人根本无从知道你是金子。

子曰：“多闻阙疑，慎言其余，则寡尤；多见阙殆，慎行其余，则寡悔。言寡尤，行寡悔，禄在其中矣！”意思是要知识渊博，宜多听、多看，有怀疑和不懂的地方则保留，等着请教他人，讲话要谨慎，不讲过分的话。这样处事就少后悔，行为上就不会有差错，福气和幸运就会源源不断地到来。

有言道，话多不如话少，话少不如话好。与人交往，不得不懂说话的艺术，何时说、如何说、怎样把话说好，直接决定了一个人能走多远。

东汉末年，曹操身边的谋臣荀彧，就是败在说话未能把握分寸。荀彧聪慧，总能猜透曹操的心思。曹操因为杀父之仇要讨伐徐州陶谦，荀彧在与曹操的交谈中，直言曹操名为报杀父之仇，实则想将徐州收入囊中。在曹操大军到洛阳迎接汉献帝时，荀彧又直言曹操名为护驾，实则是“挟天子以令诸侯”。虽然这些都是实情，但荀彧错就错在不该和盘托出。曹操疑心重，虽然荀彧有王佐之才，且忠心耿耿，但在曹操眼里，他却因为洞若观火而成为心头大患。最终，荀彧在反对曹操改年号称帝的几年后，在曹操的暗示下自尽身亡。

《论语·里仁》中谈到："君子欲讷于言而敏于行。"近代俄国文学的奠基者普希金曾说过："既不要畏惧侮辱，也不要希求桂冠，赞美和诽谤都平心静气地容忍，更无须和愚妄的人空作论争。"这是与人相处、交谈时的诀窍。

与人交谈时，适时的沉默和画家的留白是相似的道理。沉默既能体现出人的学识修养，也能避免说出效果不够理想的言语——言多必失。心理学家研究发现：适时沉默能使说话者变得冷静，肩部和嘴部的肌肉放松，会更加心平气和，语言流畅。

谈话中有些话题是禁忌：

1. 自己的家事。如儿女的事、爱人的事、婆媳关系的事，等等。有些人喜欢谈论自己的生活，而实际上，隐私不要暴露给他人，一方面是自我保护，另一方面，这些话题未必能引起他人的兴趣。

2. 他人的隐私。比如有严重疾病的人，或者患有癌症、乙肝等的病人，通常不希望自己成为谈话的焦点。而他人家庭的变故，如离婚或亲人过世等话题也不要主动提及。

3. 引起尴尬的话题。曾经引起冷场的、他人无法接着聊下去的话题就不要再谈。那些会使人在心里想"又来了"的话题并不是好的话题。

4. 不雅的话题。低俗的笑话会让人觉得讲话者缺乏修养。不如多谈些高雅的话题，或是幽默的笑话。

5. 有争议的话题。除非很清楚对方的立场，否则应避免谈到具有争论性的敏感话题，如宗教和观点立场等容易引起对立僵持的话题。

6. 他人的经济状况。不要问对方的收入和家庭经济状况，除非对方主动提及。

一味沉默并不是明智之举，有些话该说还是要说，但要分清场合。聪明的人在与人交往时，应该把交往的对象、场合、时间等因素都考虑进去，这样才能不失礼数，让语言获得更好的表达效果。

1. 谈论适合大众的话题，不要影响气氛。在某些以"庆祝"为主题的聚会或欢庆场合，最好不要谈及自己的疾病或者悲伤等不合时宜的话题，庆功宴上也最好不要论及过程中曾犯下的错误。即使说的都是事实，也不要逆全场气氛而发起话题。

2. 幽默和风趣要视场合而为。在一些严肃的场合，不宜开玩笑。我有一个朋友就犯过这样的错误。在一次会议上，有级别较高的领导在场，而他作为主持人，邀请坐在他对面的人发言，自认为幽默地说："请我对面的同事发言。我跟你是正对着，眼睛对眼睛，鼻子对鼻子，嘴巴对嘴巴哈。"这种玩笑若是在食堂，还过得去，但是在严肃的会场，而且有领导在场，此言一出，不但不能改变现场的庄重氛围，博得大家的笑声，反而会让现场的气氛更加尴尬。

3. 不同的场合聊不同的话题。在职场上多聊聊自己的工作和进度；商务酒宴上不妨在商言商；私人聚会多聊聊购物心得、化妆打扮或者电影、音乐、健身等；女士沙龙最好就主题谈论，如果没有主题，红酒、品茶、客厅布置、旅游等都是很好的话题。

4. 无言以对时不做回应。在有的场合，对于提问不管做出怎样的回答，都于己不利，这时不妨佯装没有听见、没有看到，不作任何表示，也是一种行之有效的方法。1953年6月，79岁的英国首相丘吉尔到百慕大参加英、法、美三国会谈。他以自己年事已高为借口，时常装聋，在需要回避的问题上就装作没听见，不予回答，在感兴趣的问题上就与美国总统艾森豪威尔和法国外交总长皮杜尔讨价还价，使与会者颇感头痛。艾森豪威尔幽默地说："装聋成了这位首相的一种新的防卫武器。"

生活里，沉默常常有助于化解矛盾。有次乘坐顺风车，司机在高速公路上不时听听微信语音，并用微信语音留言进行回复，我与爱人都心惊胆战。后来，爱人忍不住说了几句，希望司机注意安全。司机立刻反驳："你们搭的是顺风车，不是出租车。我有权利看几眼微信。"后来我和爱人克制着没有反驳，一直保持沉默。过了几分钟，再来信息的时候，司机跟对方说："我在开车。等会儿到了我再回你。"

我们讲的话，其实对方是听进去的，只是有时候出于自我维护，会出言反驳。若此时能够准确地判断对方讲话的本意，用沉默应对而不是立刻争执，则常常能达到目的。若是用言语进行反击，反而会因为话语间的不妥而激化矛盾。学会倾听和沉默，在适当的时候说话，往往能真正促进问题的解决，推动事情的发展。

除了公共空间的交流，即使对于点对点的联系，也应当区分隐私和可分享，注意保守工作秘密和自己的隐私。因为话一旦说出就难以收回，要考虑清楚，三思而后言。

此外，话不要自相矛盾，此时说是，彼时又言非，就容易失去信誉。这样的情形如果多次发生，一个人的信用可能会荡然无存。爱说谎，或者说话不负责任是个巨大的缺点，在与人交往的过程中一定要尽力避免。

成长砝码

沉默与否在于情境和场合。在不适宜多言的时候保持沉默，在应该表达的时候坦陈直言，如何把握好分寸和尺度，是一个人的修养。而通过恰如其分的表达，让他人在短时间内对自己有较为全面的了解，就能取得意想不到的效果，让自己更受欢迎。面对生活的冲突，沉默常常能够缓和并化解矛盾冲突。言多必失，讲话前要多想一想，不要过于随意，以致伤人伤己。一旦开口，就要对自己的言谈负责。有道理的话和得当的表达，能够有效化解矛盾和尴尬，营造更好的交流氛围。

修炼文字表达的功夫

文字落在纸面上与停留在空气中是不同的。

有人说，写一手好文章，在工作中可以立于不败之地。虽然有些夸张，但书面材料与口语不同，若能掌握其中的精髓，就可能提升思维能力和表达水平。而这些运用到工作中，自然如虎添翼。

与散文随笔不同，工作中的书面文字需要的是条理、工整和严谨。当然，文字也需要美感。但是文以载道，工作中的文书实用性较强，常常用来布置工作、进行沟通、反馈情况等，因此要求内容简洁明了、语言精练准确、行文朴素平实。写作是一种能力和素养，无论是学生时代还是职场，会写作的人都能得到很多机会。

宋茜是单位的文秘高手。每次读她的文章，都能体会到一种文笔与思想高度结合的美感。中学毕业的时候，她因为写作能力较为突出，被校长安排在办公室帮忙拟写新闻宣传稿件，给报社投稿，因此接触到很多媒体界的人士。大学里，因为文笔好，她参加了学校的门户网站社团，专门负责活动的文案宣传，制作标语、海报和拟写广播宣传文稿等。后来在工作岗位，她又因为写作能力突出，被安排到办公室负责综合材料工作，先后负责单位网站的文化版面建设、新闻宣传工作，并在摄影和影视传媒宣传等方面进行深造，积累了传媒工作的一些经验。如今，她不仅成为单位综合材料岗位不可或缺的“全能型”选手，无论是硬核的工作报告还是生动的致辞都驾轻就熟，而且在业余时间发展写作特长，在报纸杂志上发表了许多文章。突出的写作能力让她的职业道路所向披靡，赢得了领导和同事的尊重。

尽管不是每个人都要成为文秘高手，但写作对于每个人而言都是不可或缺的技能。书面表达能够更好地锤炼语言，也能达到意想不到的沟通效果。

律师杜希所在的部门有人事变化，部门合伙人S律师打算带整个部门跳槽到另一家律所。她不希望跟这个部门领导去另一家律所，一时间又不知该如何向目前所在律所的主任表达自己的想法。尽管律所主任已经安排几个不打算跟随S律师跳槽的员工转岗，但并没有实质性的进展。她想到一个方法：给主任写一封诚恳的邮件。经过一晚上的斟酌与润色，邮件写好了。

“尊敬的××主任，感谢您在百忙之中查阅这封邮件。我硕士毕业于Y学校，本科就读于Z大学。自入所以来，我在S律师团队任一年级律师，在S律师的领导下，工作十分顺心，也获得了较大的成长和进步。虽然对于S律师此次离职，我深感遗憾，但我依然感谢他在点点滴滴的工作中给予我关心和指导、帮助和启迪。在M所这个大家庭里，我学到的不只是律师业务知识，更体会到一种责任与关怀。新员工培训期间，您对法律人的公益精神的解读，让我触动颇深，从中我也体会到作为M所律师应有的素养和境界——‘先天下之忧而忧，后天下之乐而乐’。作为一名M所人，我们不仅是用自己的双手为社会的法治进程增砖添瓦，更是用自己的劳动诠释一个法律人胸怀天下、勇于担当的品行与格局。每当想到这些，我都无悔自己对M所这个平台的选择。律所对新员工无微不至的关照和培养，更是让我感动，从新员工培训到每周的律师业务培训，渗透了律所领导的心血。这段时间的工作调整，更让我体会到领导对我们的关怀。感谢所里领导重视我愿意留在M所的申请，也感谢领导在这么短的时间内做出工作调整的安排，让我能够尽快找到属于自己的位置，继续为M所这个大家庭贡献一份力量。无论最终结果如何，我对M所这个平台充满热爱和依恋，对律所的高效管理制度充满敬意。我衷心希望能够留在M所，发挥自己的能量，为律所的发展继续做出贡献。如果不得不离开，我也衷心祝愿M所在未来能有更好的发展，发挥在全国律师界的影响力，为中国的法治进程贡献一份力量。”

不出所料，邮件发挥了言语不能替代的力量，很快，律所主任安排了一位专注于私募基金和风险投资业务的合伙人面试了杜希，由于她之前在这个领域有较多的研究和积累，资质和能力都不错，顺利通过面试，转岗到新合伙人的团队。

有位著名的作家谈到，宁愿用钢笔尖摩挲着稿纸，也不愿用键盘快速敲出心情。因为一笔一画写字的慢，能让思绪更多地灌注与停留，从而给文字更多斟酌和推敲的时间。在这段时间里，作家的头脑不停地在旋转，在琢磨，在给灵感一个发酵的时间。

有很多人不敢提笔，认为自己腹中的墨水不够多。阅读固然重要，开始书写也很重要。书永远读不完，若想穷尽所有的文字，不但不可能，也没必要。因为每个人都有独特性，写作本是一个独特之人的独特叙事。读者如何体验，那是属于读者个人的。但不为迎合而写，为自己的享受而写，也是重要的。

细节是事情的关键，也是文字成败的标准。在文学写作上，有的作家要求“一句咬住一句写，不可溃败”。对于一个写作的人来说，文字精练、精致、精细与精巧，应当是一种自律。“当代小说语言，每个分句其实都有一个‘起势’——这差不多等于‘离地’那一刻的姿态。想象中它们起势不同，与水平面构成了不同的角度。语言是有角度的，如果前一个分句与下一个分句构成的角度是相同的，那么这个复合句就必然是平直呆板的，形成一条僵直的斜线。如果每一个分句在起势上都有些角度的变化，那么由它连接起来的语言就加大了动感，起伏跳跃，语言也就活泼起来了。”这位作家对语言的体验值得写作者借鉴。

这又让我想起前段时间读过的一位文学教授书中指出的，文字表达要寻找所有可能性中最精准的一个。而这个答案是独一无二的。在每个场景、每种状态下，能表达得最好的词，不是多元，而是唯一。

找到最准确的表达，在恰如其分的时间点，用恰当的书面语言进行表达。写作需要训练、锻炼、锤炼与磨炼，并非一日之功，却是可以习得的。掌握这一门技能，对一个人的成长具有重要意义，因为提升写作能力，本质上是提升一个人对生活的感知力，对真相的理解力，对真理的思辨力，以及与自我、他人、环境友好相处的情绪控制力和行为适应力。

成长砝码

文字表达能力是一个人的必备技能。不仅要能说出来，还要能写出来。在写的过程中，要避免很多白话，用妥当的书面语言进行表达。从字、词、句，到段落、篇章，要注重表意准确、逻辑清晰、思想内涵深刻，并注意修饰文字。不同的文种有不同的写作方法，工作中的书面文字相对正式，应注重行文的规范性，还要掌握一些特定的表述。论文要注意逻辑的严密性，确立论点，找到论据，进行充分的论证。散文和杂文相对宽松，但要注重文章的连贯性，让气息自始至终融贯其中，形散而神不散。邮件则要注意用语的诚恳和表达态度的友好。

打电话还是发信息

在沟通中，有些话是要当面说的，有些话可以在微信语音里说，有些话在电话里说比较好，有些话则适宜在短信或者微信中以文字的形式留下痕迹。

何时打电话？何时用聊天软件沟通？在哪些情况下写邮件，在哪些情况下需要发短信，而又有哪些情况适合发微信？发语音还是文字？这看似随意的沟通方式，实则充满沟通的艺术。选择准确恰当的沟通方式，能达到事半功倍的效果；而若是选择失误，不仅会影响沟通的效果和效率，而且会影响人与人之间的和谐。

在我个人的经验中，如果是素未谋面，从他人处得到一个人的联系方式，有事相求或者希望建立联系，较为稳妥的方式是先发简短信息，说明自己的情况，客气地坦陈自己所求之事，或者进行简要的自我介绍，争取通话或面谈。比如，想联系出版，得到编辑的联系方式，宜拟写如下信息："× 编辑您好，冒昧打扰。R 女士给我您的联系方式。我有一本书稿已完成，想咨询出版事宜，不知能否请您帮忙？"一般对方会回信或回电，开展更进一步的交流。

这样的沟通方式，既让对方看懂了我们所求之事，又不至于因为陌生而在冒昧的通话中产生尴尬。

另一种适合发送信息的情景是语言中可能存在混淆或模糊，或者希望对方记录的信息。比如，很多电话里说地址、邮箱或较长的文件名称时，常常讲不清楚，或者对方不能及时地进行记录。在这种情况下，适宜留下联系方式，通过信息发送。既存下对方的电话号码或微信名称，又能将信息准确高效地传递出去。

例如，有一次我在处理工作时，需要让对方记录一个准确的文件名称，而这个名称很长，还有很多专业术语。在这种情况下，我选择用办公系统中的聊天软件进行沟通，把文件名准确无误地发送给对方。对方收到后也及时反馈了我所需要的信息。

有些事却适合打电话说，不适宜在信息中沟通。比如一些非正式的信息，或者较为复杂的状况，即使通过长段的文字也很难说清楚，通过电话则能很快说明白。在这种情况下，就应该选择通话而不是书面留言，加快解决问题的进度。

通话也有电话和微信语音两种方式。

第一，要选对时间。在上午 10 点和下午 2 点半左右，是工作交流的黄金时间，因为很多部门会在早上开会，很多职场中的专业人士也会在上午 8 点半到 10 点之间进行工作交流或任务安排。10 点之后，通常接听电话较为方便。下午 2 点半左右，午休一般已经结束，工作也处于进行状态。这种时候，进行沟通较为合适。不适宜进行工作层面沟通的时间是早上 8 点之前和晚上 6 点之后。通常 8 点之前是通勤和早餐时间，而晚上 6 点之后，有些人开始应酬，有些人在通勤，有家庭的人开始陪伴孩子和家人。周末的时间同样不要轻易打扰。相反地，在生活沟通中，宜选择工作之外的时间进行联系，避免影响工作。

第二，要选对方式。是选择微信语音还是电话，通常要看对方的习惯。有些人经常看微信，或者手机调在响铃状态，有语音通话能够及时接听。而有些人依然习惯用电话通信，不经常关注微信。如果区分不清，建议以电话为主，特别是对于工作交流而言，拨打工作电话应当是首选，若工作电话联系不上，再拨打私人号码较为妥当。

第三，要掌握好沟通的态度和表达方式。有很多人生活中说话方式较为直率，但在电话中，宜保持礼貌与谦和，真诚地表达观点，实现沟通的顺畅。不要抢先说话，多听对方的表达。在适当的时候，打破空气中的僵局，不要一直说，也不能一直沉默不语。这其间的尺度拿捏，需要在日常工作中多观察资深人士的言谈，结合实际多加体会。

在通话即将结束的时候，最好在对方传递出意思表达完的讯息时，加上“嗯，好的，那先这样。您先忙。好，再见”，从而礼貌地道别。并等到对方挂机后，自然结束通话。如果在几秒钟之后，对方仍然不挂断电话，可能是对方也有同样的心理，在等待这边挂断，那么我们挂断电话也无不可。稍微等一段时间，不要在通话结束后立刻挂断，常常能让对方感受到更多的尊重。

无论是通过书面信息还是电话沟通，都要保持礼貌，这体现了一个人的基本修养。即使在生活中，粗俗的话语也要尽量少说，保持用语的文明得体。尽管有些文气，但客气也是生产力，在友好和礼貌中，许多矛盾都能妥善化解，许多尴尬都会自然消弭，还有很多事情可以随着沟通方式的改进而得到更好的处理，更多的陌生人通过友好的电话与短信交流，逐渐拉近彼此的距离，成为朋友，进而在会见中，逐步加深了解，建立更深层的联系。

成长砝码

无论是书面表达，还是电话（语音）联系，都可以推动沟通，但在不同的场合和情境中，选择书面交流和通话达到的效果会不同。应当以效率和妥当为原则，分情况使用信息或通话的联系方式。有需要记录的信息，用书面文字更为高效；但对于复杂的情况和不宜留痕的内容，适宜选择电话沟通。通话要选择合适的时间，工作交流和生活交流要区分时间，并根据对方的交际习惯选择适宜的沟通方式，比如通过微信语音进行联系。在沟通中，保持态度的诚恳和用语的文明，善始善终，就能保证沟通的良好效果。

怎样用巧妙的语言化解尴尬气氛

童爽是个心直口快的人。有次午休的时候，她一进办公室没有看到汤蓓蓓在屋里，就跟对桌的孟琦说："汤蓓蓓的性格，我觉得在待人接物方面不行。"

正说着，汤蓓蓓一下子从午休的沙发上弹坐起来，对着童爽愤愤地说："童老师，我还在呢！"

一时间，办公室的气氛尴尬极了。

童爽连忙说道："啊，蓓蓓你在啊。我没有别的意思，就是说你在前台值班这段时间，有些方面处理得不妥当，不过慢慢来就好了，工作都有个过程哈。"

过了一个星期左右，有一天，童爽约上孟琦和汤蓓蓓，一起到单位附近的一家韩式烤肉店小聚。借这个机会，童爽当面与汤蓓蓓缓和冲突。大家聊起家常，在热气腾腾的烤肉和佳肴中，这段办公室"暴风雨"终于迎来了风和日丽。

一时冲动极容易说出伤人的话，这不能完全归咎于率直，而应该多加注意，避免人前人后论人短长。

在尴尬的场面中，要学会运用巧妙的话语缓和气氛。比如，可以用幽默风趣的话语为自己和对方"解围"。爱尔兰作家萧伯纳说："幽默是一种元素，它既不是化合物，更不是成品。"

第一次世界大战爆发前不久，女权主义者南希·阿斯特到布雷尼宫拜访英国首相丘吉尔，丘吉尔热情地接待了她。在交谈中阿斯特大谈特谈妇女权力问题，并恳切地希望丘吉尔能帮助她成为第一位进入众议院的女议员。丘吉尔嘲笑了她的这一念头，也不同意她的一些观点，这使她大为恼火。她对他说："如果我是您的妻子，我会在您的咖啡里下毒药。"丘吉尔温柔地说："如果我是你的丈夫，我就会毫不犹豫地把它喝下去！"

面对人际交往的难点和痛点，更应运用智慧的语言，巧妙化解僵局。幽默不仅是人与人交流过程中的情感润滑剂，而且可以帮助人们在某些复杂的环境中缓解气氛。

在新年联欢会上，主持人报完幕但这个节目的演员们迟迟没有上台。主持人又报了一次，依然没有等来演员。这时候的场面十分尴尬。主持人灵机一动，说道："同志们，H部门的同志有些羞涩，大家用掌声鼓励一下好吗？"现场响起掌声。"掌声还不够热烈，让我们用更热烈的掌声欢迎他们！"主持人说着，H部门的演员们终于登上了舞台。主持人的灵活应变，为H部门同志的集结争取了时间，也让冷场的局面得到缓和，气氛在掌声和期待中变得更加热烈。

在批评对方的时候，要注意场合，尊重对方，批而不露。

有次针对一个重要的报告，领导召集大家进行讨论，要求小赵在会后校对文稿，力争不能出现错别字，连标点也不能出错。定稿复印后，小张负责最后的校对，他发现经过校对的文稿依然有错，但他没有立刻批评小赵。第二天，在去餐厅的路上，小张和小赵走在一起，私下交流道："有空请我吃饭啊，昨天的文稿帮你校对出两个小错误，我差点成了黑脸的背锅侠！"小赵脸上一红，连忙说道："张哥，多谢多谢！下次我一定注意。要不就今天吧，走，我请您吃火锅！"原本可能出现的矛盾就这样化解于无形。

也可以退为进，多用赞美和肯定的话语，拉近彼此的距离。

单位印刷厂的厂长脾气很大，K部门需要印制文件的时候，每个去找厂长的人都感到压力很大。新来的员工小郑了解到这个情况，自告奋勇去联系印刷。她一见面就报以热情的微笑，说道：“厂长您辛苦了！我是K部门新来的小郑，同事都跟我说您认真严谨，而且人特别好。同事说如果排版有疑问，来找您就行。您看，这次我们部门的文件刚刚排好，不知道是不是准确，能不能麻烦您把把关？另外我们需要印500份，不知能否麻烦您安排一下？您这边任务重，我们服从安排，领导要求周末之前印出来，不过不着急，相信厂长您一定能帮我们处理好。”厂长听了这一番赞美，心生喜悦，态度也缓和下来，友好地和小郑进行交谈，不仅立刻安排排版，而且提前印出了K部门所需的文件。

真诚得体的言语是一扇门，可以连通许多封闭的空间，也是一座桥，可以沟通很多生疏的关系。用言语巧妙地化解尴尬，为人际关系增添一抹温情，不仅能让彼此的心情更加舒畅，而且有利于营造良好的交往氛围，实现预期的目标。

成长砝码

在语言交流中，如果场面尴尬，要善于运用妥当的语言进行化解。无论人前人后，避免论人短长，以免留下口实。批评人不一定直面坦陈，换种方式更容易让人接受。办事情的时候，要善于观察对方的性格特征，用巧妙的语言拉近人与人的距离，推动事情的发展。对陌生人要多赞美，表达自己真诚的态度，让人如沐春风，营造愉快的交谈氛围。善用语言的武器，学习幽默的表达，并视情况而定，将幽默运用得恰到好处。语言也是一门艺术，多琢磨和练习，可以在交际中让自己更加游刃有余。

Chapter 5

第五章

精致生活，闪光的你熠熠生辉

一枝玫瑰改变一辈子

有一个卖花姑娘，手上还剩最后一枝玫瑰，天色已晚，眼看就要卖不出去了。她索性将这芬芳四溢的红玫瑰送给了路边的一个乞丐。从未受过如此礼遇的乞丐欣喜若狂，他放下手中的破旧瓷碗，拍拍身上的尘土，小心翼翼地捧着玫瑰，兴奋地回到家中。

到家后，他随手把花插在一个破瓶子里。凝视片刻，他忽然跳起来，把破瓶子丢进垃圾筐，拿出一个带有装饰图案的盛放旧物的罐头瓶子，清洗得干干净净，把玫瑰花郑重地放入这个有艺术气息的老式“花瓶”。

欣赏着这美丽的花瓶和鲜艳的花朵，他忽然又跳起来，洗了抹布，把花瓶下的窗台擦拭得一尘不染。他坐在窗边，静静地欣赏眼前的美景。忽然，他又跳了起来，把窗子上的尘垢清洗干净。随后，他开始整理房间，把床上揉成一团的被子折叠起来，把满是褶皱的床单抻开、铺平，又把房间墙角边的垃圾清理干净，把地板又扫又拖。

处理好这些，他忽然觉得房间的气氛变了，陈旧晦暗的屋子，因为有这一枝玫瑰，不一会儿的功夫，就变得洁净清爽了。他无意间从窗子的映衬中看到自己的脸：蓬头垢面，胡子拉碴！他无法忍受自己的面容和这间屋子的巨大反差，于是破天荒地去冲了个澡。洗干净后，又刮了胡子。

对着有几道裂痕的模糊的镜子，他忽然发现，自己的眼睛里有了难得一见的光彩。他更难以忍受自己曾经的破衣烂衫，于是找出几件干净的旧衣服换上，坐在床上。他思索着自己接下来该做些什么。再乞讨？

不！他决定不再弯腰屈膝，而是开始翻阅报纸上的职位信息，决定找一份工作。

故事的结局您大概已经猜到：他通过自己的努力找到一份工作，虽然辛苦，但能够自食其力。几年后，他创办了一家自己的公司，走上了靠劳动挣得美好生活的道路。

一枝玫瑰，鲜艳欲滴。这是生命的希望，更是心灵的滋养。小小的鲜花，竟然改变了一个乞丐的一生，归根结底，是改变了他的思想和精神状态。

谁不曾向往美好与整洁？而现代都市的亚健康，却影响着许多上班族的状态。疲于奔命，忙于应付，缺少自己的时间，来不及梳洗打扮，更遑论优雅和精致。其实，好生活的甜美，不是等到一切就绪才有，而是隐藏在我们忙碌的时时刻刻。

清晨，给自己一杯香醇的咖啡，能量满满地开始新的一天；午后，沐浴暖阳，散散步，听听音乐，欣赏路边林立的高楼，姹紫嫣红；傍晚，翻翻时尚杂志，读点散文小说，让疲惫的身心徜徉在艺术的画廊，享受色泽明丽的斑斓，让心情飞扬；周末陪家人看场电影，逛逛公园，在万物生长中体验宁静与惬意……

这一切其实并不需要太多时间。若是有情致，处处皆是风景。在宠辱间体会“失之东隅，收之桑榆”的人生哲学，在“无心插柳柳成荫”中感受别样的惊喜。点点滴滴，在细微处滋长爱与优雅，由此，心灵不再紧绷，灵魂得到放松和愉悦，呼吸间尽是鸟语花香，平淡中透着宁静与清雅。这样的美好，植根于心灵深处。从中生发的恬静与自足，如同给心灵穿上一件明媚而温暖的衣装，足以抵御外在的兵荒马乱，对抗时光的繁芜冗长。

一枝玫瑰改变了一个人的一生。其实，这枝玫瑰何尝不属于我们每个生命之途的旅人？是行者，是归人，其实也是过客。生命本是一条长河，我们既无法同时踏入同一条河流，也无法回溯源头。只是随着河流奔腾，在险滩处勇毅无惧，在浪歇处调养生息。“星垂平野阔，月涌大江流。”

不如微笑，让往事随风，留下爱的余温，滋养心灵的瑰香，沁人心脾。伴随着对未来的憧憬与畅想，让蓓蕾吐露在粗粝的生活细碎之处，让山崖上遍染青草绿意，让活在当下的秩序与自由奏响生命卷轴上的美妙乐章。愿每一颗孤寂的心，都呈现出飞扬的姿态，沐浴晨风，独对朗月晴空，穿越层层雾霭屏障，向着浩宇苍穹振翅高飞。

成长砝码

美好从心开始。幸福源自一份热爱与真挚的生活态度，自我激励，不断提高心灵的品质和境界，以强大的内心应对纷繁世事。荡涤心灵的杂质，留下认真的态度，努力的愿望，对幸福的期盼，以及自食其力、自力更生的人生理念，靠自己的双手挣得更富足的生活，这是一种正确的人生态度，也是奋斗的人生姿态。在路上，不屈不挠、不卑不亢，走好自己的每一步，一切都因为心里的美好品质而散发出更明媚的光彩。想让自己的眼里有光，就要先让自己的心灵熠熠生辉。

带着发现的眼睛上路

摄影是一门艺术，但不像音乐、绘画的门槛那样高。如今相机的普及程度丝毫不亚于手机，而手机强大的拍照功能，也让摄影走进每个人的生活。细心些的年轻人通常会用手机的美颜相机等功能，还有其他一些修图和美图软件。即使不用这些，智能手机的相机也已具备强大的功能和算法，能保证拍照的质量。

拍照有哪些技巧？这说来话长。简单来说，构图、色彩和光线的运用决定照片的表现力。

同事赵姐喜欢发微信朋友圈，晒自己拍到的风景照。她的构图和色彩总是恰到好处，春天的花卉、秋天的落叶和冬天的雪景，带给人美的享受。受她的影响，我也开始留意身边的自然风光，但拍出来的花卉总是有种繁复感。

有一天，我单独跟她交流，请教拍照“秘籍”。她告诉我，摄影是做减法，与绘画做加法不同。在看到的景象里，要学会剔除与表达主题无关的内容，带着明确的意图，突出主题。

比如一朵花，要表现花的鲜艳，就要针对这一朵花进行取景，把这个主体放在画面正中或者黄金分割线的位置，排除其他花朵的干扰。可以选一到两朵其他的花作为衬托，但要通过景深的控制将衬景适度虚化，不要喧宾夺主。

“当你带着明确的思路拍照时，就不会因为盲目而主题不明了。”

我恍然大悟。原来自己以前拍的花朵都是一簇簇的，总想记录眼前所有的景象，却忘了摄影是减法，是简化的艺术。

学会做减法，再运用构图技巧，比如水平和垂直构图法、三分构图法、S 型曲线构图法、三角构图法，以及透视线构图技巧等，突出表达的主体，适当选取衬托的景物，照片的美感就大大提升了。

所以很多大片拍的都是小景观，比如一枝新芽、一片落叶、一个憧憬的眼神。

以小见大，在平凡的细节中发掘不凡的魅力，不仅是摄影的诀窍，也是艺术的真谛。领悟到这一点，我在日常中的拍照更加得心应手。而因为承担了部门的摄影工作，常常跟在领导身边，我对纪实摄影也颇有些体会。第一，要明确表达主题。重点突出，交代清楚时间、地点、会议标识等，让观众一目了然地知道照片的背景和主旨。第二，在真实客观表达主旨的基础上追求美观。比如领导的举止、表情，要在恰到好处时抓拍，增加新闻的亮点。第三，充分展示每个被拍摄主体。会议中既要拍摄全景，也要有特写，特别是主要领导在会议中，必须亮出每个人的面部，不要遮挡，还要有反映氛围的照片，比如表现同志们认真聆听、积极参与、现场气氛热烈的影像。

照片的整理方面，也要及时处理。由于现在大多是数码摄影，我们常常会拍摄许多照片，大量的图像会占据很大的空间，若不及时处理，存储空间会不足。因此我养成每个星期或每个月将手机照片传输到电脑，再存到云端或移动硬盘的习惯。而转存后可以及时删除清理，腾出空间。

如果照片里有领导、同事和朋友，还得及时发送给大家，当天的照片当天发，这个习惯让我在新部门很快赢得领导的信任，同事们也因为这些细心之举而感到温暖。

摄影还有很多学问，如果娓娓道来，可以讲上十天半个月，甚至一年半载。为了让自己更加专业，我报了一家摄影机构的周末班，系统地学习了相机的知识、构造，摄影的技法等。老师是专业摄影师，也有丰富的教学经验。从摄影的历史、相机的基础知识，到光圈、快门速度、感光度的调节，再到镜头的知识，构图的方法，光线的运用……课程的知识量非常大，我记了厚厚一本笔记。

摄影本质上是一种艺术，一张好照片讲述的是一个故事，蕴含着语言和图画难以表达的情感。这也是热爱文学的人通常都热爱摄影的原因吧，忠实记录，更是言说一种心境，表达一种观点。

带着一双发现的眼睛上路，用相机记录生活的美好。无论是旅行中的精彩见闻，还是上班途中的怦然心动，都能变成一张张会说话的照片留存下来，记录生活，倾诉故事，讲述精彩。

成长砝码

有心人的眼前处处是风景，艺术给生活带来不凡的体验，换个角度看世界，一切都充满美与希望。大自然的鬼斧神工、时尚街拍的个性表达、温馨美满的家庭生活……带着一双发现的眼睛上路，生活处处有惊喜。手机亦是相机，在行走途中不妨多留心，记录眼前的点滴，让沿途的风景定格在瞬间，留作美好的回忆。光影之间也有技法，多翻翻摄影书，看看与摄影有关的杂志，提高审美能力和鉴赏能力。带上这份热爱投身生活，平淡也会变得丰富多彩。

阳光下的咖啡屋

单位旁边新开了星巴克咖啡，终于弥补了工作地周边没有合适小憩场所的缺憾。在这家咖啡馆筹建的时候，每次路过，我都忍不住驻足观察，心中有小小的期待。想起与咖啡相伴的漫漫旅途，即使手边没有一杯香气四溢的咖啡，心中依然存有淡淡的盼望。

咖啡的种类不同，口味悬殊。Espresso 口味浓郁酸涩，美式咖啡甘苦传统，拿铁蕴含着独立的格调，摩卡充满活力与雅趣……咖啡在平静的优雅中倾诉着自己的特质与故事。

“咖啡”一词，源自咖法小镇。由于劝人皈依的苏菲派圣徒频繁地四处奔走，公元 10 世纪前后，咖啡被传至也门。伊斯兰医学家拉奇斯与阿韦森纳分别在医书上提及咖啡可做药饮。海伦的“忘情水”、古斯巴达的“黑肉汤”、天空之神瓦卡的“眼泪”等美誉，伴随着“牧童卡狄与跳舞的羊群”“西库·奥玛尔与小鸟”等经典情节，共同塑造出人类对咖啡的最初印象。

关于咖啡的历史，早期在非洲，后随着外交与战争，被传播到一个又一个新的地方。一部咖啡的发展史，就是一部西方国家版图变迁史。咖啡在世界历史上的传播、贸易、种植，是一部资本主义逐渐取代封建主义、资本主义逐步全球化的演进史，同时也是近代西方殖民扩张的缩影。现代学术界普遍认为，咖啡可能最早在公元6世纪被发现于非洲埃塞俄比亚一个断裂开的河谷斜坡上，葱郁的高地植被是咖啡树优渥的生长环境。

麦考莱的《英国史》里提到："咖啡馆绝不能草草一笔带过。实际上，在那个时代，咖啡馆被称为一种极为重要的政治机构是有道理的……它是都市公共舆论自我表达的主要渠道。"据考证，英国首家咖啡馆诞生于1652年的伦敦，坐落于伦敦的商业中心康希尔附近，生意从一开始瞄准的就是咖啡的市场前景：咖啡有提神解乏的功效，附近皇家交易所的商人、海船船长、服务于交易的文具店和书店老板、公证人和律师都可能成为咖啡爱好者；他们投身咖啡消费，就形成了公众社交氛围，咖啡馆也就顺理成章地成为人们交谈、闲聊、交易的地方。

咖啡馆作为公共机构的特性，是1658年克伦威尔去世后英国动荡的政局塑造成型的。最早声名鹊起的是17世纪60年代形成的威尔咖啡馆才子圈。威尔咖啡馆的桌子上总是铺满未发表的手稿和已发表的文章、诗作，由著名剧作家德莱顿在文学讨论中充当法官。咖啡馆内你一言我一语的议论和一锤定音的仲裁，为当时许多剧作家和诗人确立了文学名望。咖啡馆文学圈最后的辉煌属于1751年开业的贝德福德咖啡馆。由于咖啡馆紧邻剧院，剧评当仁不让地成为此地最热门的话题。以新一代小说家亨利·菲尔丁、画家威廉·霍加斯、剧作家哥尔斯密为核心的艺术创作者和批评家化身为英国的"戏剧温度计"，很大程度上推进了文学批评的社会针砭功能。

对于法国而言，巴黎著名的"花神咖啡馆"也曾聚集文艺界的名流。虽然如今已成为一个单纯的休闲场所，但咖啡馆承载的文化却定格在历史长廊中。

我爱上咖啡有几个人生节点。最初是小时候跟着爸爸在家，他收集了各国不同的咖啡。后来是在咖啡馆，星巴克在我们上学的时候不流行，随着现代化的节奏加快，才在城市的大街小巷星罗棋布。大学的时候我们学校有家咖啡馆，叫"S

大往事”，那时候大家去咖啡馆，几乎都不是去喝饮品的，而是寻找一方小聚怡情的天地。在那里，点一杯饮品，捧一本杂志，看窗外细雨珠帘般遮挡了视线，葱茏的绿树在雨中舒展身姿。与三五好友打牌，嗑瓜子，或者再买点小零食，休闲的时光无比惬意。

离开大学校园后，在美国的很长一段时间，同学们的聚会地都是酒吧。密歇根大学安娜堡分校的校南路上有一个星巴克，我和闺密经常去那里宽敞的长形工作台读书，复习考试。一人一大杯咖啡，一下午的时间都可以投入学习。

咖啡提神有极好的功效。回国工作后，我有几年时间较少去咖啡馆，也断了咖啡的念想。直到去年，在一场论文大赛全力冲刺阶段，才重拾这个爱好，在咖啡带来的绝佳状态中专注奋斗，字斟句酌，完成论文的修改。

虽然有几年对咖啡是疏离的，但作为小聚的地点，我还是会留意身边的咖啡小店。连锁店固然流行，但有情调的小咖啡馆更能引起我的兴趣。在贴心的咖啡小店里，各式各样的装扮，以及收藏的书，传递出咖啡馆的品位和文化。对于都市里繁忙的人们来说，咖啡馆能让人换个环境，静下来思考幸福的含义。

饮品提供站，亦是休憩空间，这两者结合，让咖啡馆承载着品质生活的寄托。我去过很多大学的咖啡馆，每个地方都有自己的特色。而在蓝调音乐里，一台笔记本电脑、一杯咖啡，或者一本书，就可以度过一下午时光。

都市里常见到奶茶或饮品站，却很少见到专营咖啡却不提供场所的咖啡站。也许咖啡馆提供的空间才更重要。近几年风靡国内的新晋连锁店，虽然也提供很好的豆子和研磨效果，却少了些对咖啡馆本来功能的回归。

咖啡与书是分不开的。每家有格调的咖啡馆通常都有自己的藏书。有些时尚的咖啡馆会放置经营管理和心理学的书，古朴些的会放佛教典籍或者哲学和经典名著。每次在咖啡馆里看书、工作，效率都非常高，也许是心情放松的缘故吧。

咖啡饮用亦有礼仪。服务人员端上咖啡时，一般会将杯耳朝着顾客的左侧，以便顾客扶着杯耳加糖、加牛奶。通常是先加糖后加牛奶，用专用的咖啡匙轻轻搅拌。不喜欢加糖和加牛奶的，可以把杯耳转向自己的右侧。

饮用咖啡前，应先用咖啡匙充分搅拌均匀。搅拌后，要把咖啡匙放在碟子的外侧或左边，以不妨碍喝咖啡为宜。切忌将咖啡匙留在杯中，端起就喝。不要用咖啡匙舀着咖啡一匙一匙地慢慢喝，也不要用咖啡匙来捣碎杯中的方糖。这样既不雅观，也容易弄洒咖啡。

如果刚刚煮好的咖啡太热，可以用咖啡匙在杯中轻轻搅拌使之冷却，或者等自然冷却后再饮用。试图用嘴去把咖啡吹凉，是很不文雅的动作。

喝咖啡时，用右手食指和大拇指捏住杯耳，慢慢地移到嘴边轻啜。不要满握杯耳、大口吞咽，更不要发出声响。给咖啡加糖时，若是砂糖，不要用自己的咖啡匙去舀，应该用专用匙从糖罐中舀取，直接加入杯中；若是方糖，则先用糖夹子把方糖夹在咖啡碟的近身一侧，再用咖啡匙把方糖加在杯子里。如果直接用糖夹子或用手把方糖放入杯内，有时可能会使咖啡溅出，弄脏衣服或台布。原则上，喝咖啡时，端起碟子或托住杯底，都会显得失礼。除非举行酒会，或没有桌子依托时，才能端起碟子来喝。添加咖啡时，不要把咖啡杯从咖啡碟中拿起来。

在餐后饮用的咖啡，一般都是用袖珍型的杯子盛放。这种小型杯的杯耳较小，手指无法穿进去。即使是用较大的杯子，也无须用手指穿过杯耳再端起杯子。正确的拿法是用拇指和食指捏住杯把而将杯子端起。是否在咖啡中加入奶和糖，全凭个人喜好，由个人自行添加。替他人加糖、奶等，都是违反礼节的行为。

有时饮咖啡可以吃一些点心，但不要一手端着咖啡杯，一手拿着点心，吃一口喝一口地交替进行。饮咖啡时应当放下点心，吃点心时则放下咖啡杯。另外，喝咖啡要趁热，因为咖啡中的单宁酸很容易在冷却的过程中发生变化，而使口味变酸，自然影响咖啡的口感。

如果在办公室或在家里请客人喝咖啡，主人还要为客人准备一杯凉白开水，使之与咖啡交替品尝，口味更显清纯。一般来讲，懂得喝咖啡的行家在饮用咖啡前要先喝一口冷水，冷水有助于口腔清洁，使咖啡的味道鲜明地浮现出来。被合作伙伴邀请喝咖啡时则要注意，不要只顾聊天而让咖啡冷却，这会有违主人的一番诚意。咖啡要全部喝完，才显得有礼貌。

阳光明媚的午后，在清雅的咖啡屋，室外或室内，品一杯咖啡，捧一本好书，享受一段属于自己的时光，给心灵赋能，让神思更加明净而富有活力。

成长砝码

咖啡是休闲，亦浓缩着生活的情致。选择高品质的咖啡，要增强对咖啡的品鉴力。在家中或是在途中，一杯咖啡的浓郁能带来心灵的释放。在品尝的那一瞬间，感受味蕾和精神的舒适，体验一种安然与自得。咖啡屋充满品质生活的气息，约三五好友相聚，在飘香的饮品与可口的甜点中，畅谈生活见闻、思想见解，感受相聚之乐。抑或独自前往，在清雅的环境里读一本书，安放自己奔波已久的劳顿，在蓝调音乐里，感受一份恬淡与安宁。如此，细琐的烦忧皆被荡涤，富足萦绕心间。

一盏茶，一段情

常言道，懂茶不如爱好茶，爱好茶不如以茶为乐。关于茶，每个人都有自己的体会和理解。清姐家里世代开茶庄，她经常会举办自己的茶会，我正好借此机会认识和了解了更多茶文化。

茶庄坐落在北京的一个小胡同里，远远地，清姐就站在门口等候了。开门进入茶庄，茶叶的幽香扑鼻而来，而驻足凝眸，各式各样的茶饼和茶叶林林总总，摆放在展示架上。巨大的茶桌边可以容纳 10 个人左右，我们坐下来，她先给我冲泡了一小杯白茶解乏。不久，清姐的客人陆续按响门铃，茶桌边也热闹起来。

交谈中我才知道，清姐的老家在福建，祖上就经营茶庄生意，而且传承了很多代。她给我们讲述了一个故事，说她的舅舅有次看到堆放在墙边的茶叶受了潮，虽然还能卖，但口味和品质一定是不合格的。她觉得丢了可惜，说："舅舅，只是受了一点潮，一般人喝不出来吧。"舅舅说："不行，懂茶的人还是能喝出来的。我们茶庄不能因为这一点瑕疵而毁了多年的信誉！"说罢，舅舅就命人把一大片的茶叶都倒了。只这一个细节，就让人感慨懂茶、爱茶之人的品质追求，以及诚信经营的职业操守。

初尝、细品，几道程序下来，又换上不同的茶种。清姐娴熟地使用着手中的茶具，对茶叶和口感也是如数家珍。更重要的是，我们这群本来素不相识的人，在品茶间谈天说地，渐渐相熟。

正聊着，突然，屋子里黑漆漆一片。"停电了！"

"这不是第一回了，大家别慌，等我去检查一下，看是不是跳闸。"清姐离席。我们则耐心地等待。

忽然之间，我想起《围炉夜话》。用在此刻，再恰当不过。大家在黑暗中聊天，渐渐适应了没有灯的光线，竟也别有一番韵致。过了10分钟左右，灯亮起来，我把微信群名改成了“围炉夜话”。

清姐说，她很想把自己这些年与茶的故事写成书，因为如今市面上关于茶的书，有些是不懂茶的人写的，而真正懂茶的茶农却没有能力和时间来记录。我建议她尽快动笔。对于茶，我也从一个门外汉到略知一二。

茶饮古已有之，有神农遇茶的传说。相传神农为了天下众生尝遍百草，其中固然有一些可口的植物、有可充饥解饿的粮食，但也有很多是有毒的植物。一天，神农尝了一种毒草后身体终于承受不住，晕倒在山脚下，等到他悠悠转醒，发现身边有一棵小树，翠绿的叶子带着淡淡的清香，神农采下一片放入口中咀嚼，立刻芳香满口，之前身体的不适也消失了。后来，神农把这棵小树移植到人类的聚居地，这棵树就是一棵茶树。

据记载，中国的茶早在西汉时便传到国外，汉武帝时曾派使者出使印度支那半岛，所带的物品除了黄金、锦帛外，还有茶叶。南北朝时齐武帝永明年间，中国茶叶随出口的丝绸、瓷器传到土耳其。唐顺宗永贞元年，日本最澄禅师回国，将中国的茶籽带回日本。而后，茶叶从中国不断传往世界各地，使许多国家开始种茶，并且有了饮茶的习惯。

有茶的日子，连空气中都洋溢着一份雅致。茶成为品质生活的象征，文化与精神的寄托。难怪英国流传着这样的谚语：“当下午钟敲四下，世上的一切瞬间为茶停止。”英国的下午茶，是一道亮丽的风景。

在国内，大大小小的茶舍也是人们常去之处。爱茶和品茶，大大丰富了人们的生活，成为生活中不可或缺的一部分。

周作人先生这样定义茶道：“茶道的意思，用平凡的话来说，可以称作忙里偷闲、苦中作乐，在不完全现实中享受一点美与和谐，在刹那间体会永久。”虽然有些随意，却是对中国茶道较为通俗易懂的解释。中国茶道收放自如，无论贫富贵贱，男女老少，一茶在手，与友人共话，就能体悟到生命的妙处。

所谓品茶有三乐：独品得神，对品得趣，众品得慧。当茶属于一个人的时候，是怡神；属于两个人的时候，是心与心的交流；而属于很多人的时候，小小的饮品能凝聚很多热爱生活的灵魂。而茶之四妙，曰湛（清澈），曰幽（幽雅），曰灵（灵气），曰远（远致）。

中国是茶叶的原产地，茶叶产量堪称世界之最。中国历来就有“客来敬茶”的民俗。古代的齐世祖、陆纳等人曾提倡“以茶代酒”；唐朝刘贞亮赞美“茶有十德”，认为饮茶除了可健身外，还能“以茶表敬意”“以茶可雅心”“以茶可行道”；唐宋时期，众多的文人雅士，如白居易、李白、柳宗元、刘禹锡、皮日休、韦应物、温庭筠、陆游、欧阳修、苏东坡等，他们不仅酷爱饮茶，而且在自己的佳作中歌颂和描写过茶叶。无论在什么场合，敬茶与饮茶的礼仪都是不可忽视的环节。这不仅是一种生活习惯，而且是一种源远流长的文化传统。

在现代商务活动中，茶与咖啡是必不可少的招待客人的饮品。有客人来访时，应先询问客人的喜好，再奉上饮品。

中国人偏好饮茶，但因地域不同，习惯有所差异。一般来说，北方人喜欢饮香味茶，江浙人喜欢饮清芬的绿茶，闽粤人喜欢酽郁的乌龙茶、普洱茶等。外国人则喜欢喝加入奶精和糖的茶，所以，在招待外国客人时，除了备好茶之外，还要准备奶精和糖。很多外国人非常喜欢中国茶，或者说是喜欢中国的茶文化。

最基本的奉茶之道，就是客人来访马上奉茶。俗话说：“酒满茶半。”奉茶时应注意：茶不要倒得太满，以八分满为宜；水温不宜太烫，以免客人不小心被烫伤。茶色要均匀，并要配合茶盘端出，左手捧着茶盘底部，右手扶着茶盘的边缘。如果点心放在客人的右前方，茶杯则应摆在点心的右边。

上茶时应向在座的人说声“对不起”，再以右手端茶，从客人的右方奉上，面带微笑，眼睛注视对方，并说：“这是您的茶，请慢用。”奉茶时应依职位的高低顺序，先端给职位高的客人，再依职位高低端给自己公司的同仁。

如果是在茶楼里请客人品茶，尤其是有外国客人在场时，则应安排一些茶艺表演，让客人能够充分体会中华茶文化的底蕴。

按照传统礼仪，饮茶分为嗅茶、温壶、装茶、请茶、续茶等环节。

嗅茶：主客坐定以后，主人取出茶叶，主动介绍该茶的品种特点。客人则依次传递嗅赏。

温壶：先将开水冲入空壶，使壶体温热。然后将水倒入各种茶盘中。

装茶：用茶匙向空壶内装入茶叶，通常按照茶叶的品种决定投放量。切忌用手抓茶叶，以免手气或杂味混淆，影响茶叶的品质。

请茶：茶杯应放在客人右手的前方。请客人喝茶，要将茶杯放在托盘上端出，并用双手奉上。当宾主边谈边饮时，要及时添加热水，体现对宾客的敬重。客人则需善"品"，小口啜饮，满口生香，而不能作"牛饮"姿态。

续茶：往高杯中续茶水时，左手的小指和无名指夹住高杯盖上的小圆球，用大拇指、食指和中指握住杯把，从桌上端起茶杯，腿一前一后，侧身把茶水倒入客人杯中，以体现举止的文雅。

当奉茶者为客人奉上茶品，客人要以礼还礼，真诚道谢。

在商务活动中，当别人奉茶时，不要用手去接，以免增加奉茶者的困扰。但若是领导或长辈亲自给你奉茶，则要起身，双手恭敬地迎接。受人招待奉茶时，如无法说感谢，要点头致意，并以真诚的眼神回应奉茶者，绝不能视而不见、听而不闻，这样会显得非常失礼，有失身份。

女士喝茶前应先用化妆纸将口红轻轻擦掉，以免口红印留在杯子上。喝茶时，不需要将杯垫一起端起，只需用单手端起茶杯，另一只手轻扶杯垫以防杯垫掉落即可。但若坐在矮几旁，则必须连同杯垫一起端起，以免不慎打翻。

不论是主人还是客人，都不应大口吞咽茶水，或喝得咕咚咕咚响。品茶时，讲究慢慢地一小口一小口地细品，一苦二甘三回味，其妙趣在于意会而不可言传。当遇到漂浮在水面上的茶叶时，可用茶杯盖拂去，或轻轻吹开。切不可用手从杯里捞出来扔在地上，也不要吃茶叶或把进到嘴里的茶叶吐回杯里。另外，还要适当称赞主人的茶好。

随着岁月的流淌，家中的茶叶越来越多，有的是家人收集，有的是友人赠送。饮茶也逐渐成为一种习惯。在“围炉夜话”群中，我们经常交流生活心得，分享精品短文。因为有茶，社交的圈子也跟着精致起来。萦绕在生活里的茶香见证了多种文化的交融，也成了沟通情感的纽带。不可不说，在品质生活的进阶之路上，茶是至臻至善的伴侣。

成长砝码

茶与文化密不可分，有茶的人生是淡泊的，也是富足的。茶饮的美妙之处，在于每一道工序、每一回的品味都有所不同，在这种考究中，体验一种细腻与精心的美好。茶香四溢，沸腾滚烫的是热烈；茗茶难得，入口的刹那，茶汤香韵萦绕，杂念在一刹那淡去，感受到的是唇齿间无穷的甘醇。茶承载着丰厚的文化内涵，学习茶的知识，了解茶道与茶文化，精心挑选茶具，收集一些茶叶，养成以茶为乐、以茶会友的习惯，让生活因茶而增添更多的乐趣。

培养点业余爱好

思霖在朋友圈发了自己的素描作品，假期里对着照片画的，线条错落有致，勾勒出鲜活的人物形象，令人赞叹。她的业余爱好不仅愉悦身心，而且给身边的人带来激励，让人更愿意发现更多生活的美好。

艾米喜欢拼图。在朋友圈里看到她又更新了状态：“‘HEYE飞跃西元前’4000片拼图终于在2019年鼓起勇气完成了。2011年定下的目标，实现4000片未丢片的忐忑愿望。生活和工作应该也像这拼图一样，再难的事情只要掌握要领，一步一步去做，总有拼完的一天，如果一直害怕它而不去做，的确一片也不会丢，但是也永远拼不完。”

在美国留学的时候，和艾米做室友，她就有丰富的业余爱好，比如手工制作、绘画等。回国后，她在律师行业奋斗，虽然联系很少，但还是可以经常看到她在朋友圈晒自己参加的沙龙，画的油画等。

朋友的孩子也在学习绘画，看7岁的小姑娘画得线条灵动，色彩明丽，我发自内心地赞叹。在如今的育儿兴趣班中，绘画、音乐和体育是三大主要门类，而更多的意义，在于培养孩子的业余爱好。

记得在从前的单位，有次举办朗诵活动，领导请来省广播电台的资深主播，为我们朗诵小组的成员培训。老师仔细关注我们每个人的特点，从发音、用气等角度悉心指点。有个女同事私下请教老师，能否培养一个业余爱好，比如播音主持。后来，单位成立了许多兴趣小组，有合唱队、舞蹈队、模特队、朗诵队、太极拳队、瑜伽队等。热爱这些项目的同事聚集在一起，隔三岔五地组织活动，在忙碌的工作之余极大地放松和愉悦了身心。

业余爱好之于人，如同茶点之于味蕾，能让人品尝到不同于常规的雅趣。在正襟危坐的办公环境中解脱出来，找寻一方天地，翩然起舞。正如我以沉浸于文字为爱好，很多朋友都有自己的业余爱好。有的喜欢逛博物馆，穿越历史长廊触摸远去的记忆；有的热爱书法，在墨耕中修身养性；有的喜欢摄影，在行走间感受光影霓虹；有的喜欢徒步登山，在漫漫征途中接受心灵洗礼……也有的热爱美食，热爱音乐，热爱投资理财，热爱收纳，热爱花草……业余爱好，让生活多了许多乐趣。

如同一张白纸，如果说平淡是生活的底色，那么找寻乐趣，就如同给生活加些色调。将一个爱好发展为特长是一种境界，将特长再发展为专业和职业，就更是了不起的事。

柏潇本科专业是光电信息科学与工程。前阵子聊天，他说自己在研究足球，用各种算法模拟排兵布阵的方略，并通过复杂的信息系统模型，测算如何让球队获胜。他说，支撑自己做这些的，就是对足球的兴趣。因为有兴趣，所以他读完了一个博士后，又申请了另一个博士后工作站，专业研究足球算法。

惠然大学本科学的是外语专业，因为对珠宝的热爱，到国外学习了与珠宝有关的课程，也进修了营销和商贸领域的知识，回国后在北京开了自己的珠宝会所。

从兴趣爱好，到专业所长，再到一生的事业，或许这途中会有很多坎坷、波折和困难，但只要有内心的原动力，有一种热爱在支撑，就无论何时何地，在何种境遇中，都会燃起不灭的希望之火，都会有不竭的动力。

随着物质的丰饶，人们的选择越来越多，相应地，能找到并从事自己热爱之事的成本也可以负担。若是不理想，还有改换的时间、空间。毕竟，人生苦短，为自己喜爱的事付出时间和精力，才是最理想的生活。

找一份喜欢的工作，这样你白天的 8 小时就是快乐的。再找一个你喜欢的爱好，这样你回到家的时光也是快乐的。

成长砝码

兴趣爱好带给人闲暇时候消磨时间的方式，不仅愉悦心情、陶冶情操，而且让生活多了很多种可能性。找到自己喜爱的事，比如绘画、书法，或是舞蹈、声乐，也可以是登山、徒步，投入其中，感受刻板学习和严谨工作之外的乐趣。沉浸在一件事情中，忘却生活的烦恼。通过发展兴趣爱好，找到自己真正喜欢的事，甚至可以发展成新的事业，开辟经济来源。在参加的兴趣活动中结识更多志同道合的朋友，增进交流与互动，共同探讨热爱的话题，不仅可以收获更多友谊，而且可以在沟通中提升自己的技能，把事情做得更好。

善待自己的胃

佳美在一家公司上班。她吃遍了单位附近的每一家饭店。等到每家都吃了许多回，就叫些小盒饭，后来干脆就是一个鸡蛋灌饼解决午餐。在职场中待久了，若没有食堂，又不能从家中带饭，就只能吃外卖或快餐。这是无奈之举，对肠胃也不好。

佳美痛定思痛，决心开始自己烹饪。她买回很多食谱，买了各种锅碗瓢盆，开始研究如何做出美食。

最初，她学习了蛋炒饭。后来，看着《舌尖上的中国》，她开始爱上各地的美食，尝试各种口味。

“唯有美食与爱不可辜负。”佳美的朋友圈逐渐从过去的餐厅美食，改为自己下厨烹饪的各种食材和美味。一个个精致的碗碟，一盘盘色相极佳的菜肴，烟火气给寡淡的生活平添了许多滋味。

从爱上烹饪起，佳美的状态也发生了从头到脚的变化。她不再晚睡晚起，而是关心起营养学，研究食物中的营养元素，并学会合理膳食和有机搭配的方法，注重规律作息。从爱护自己的胃出发，她也开始注意保养皮肤，不再喝大量的奶茶，不再随意吃垃圾食品，还戒掉了零食。她的办公桌从凌乱到规整，也多出了养生茶，更多的是天然新鲜的水果。她的日程安排，也因为每天对一蔬一饭的精心准备，而不再被任务和计划填满，多了很多自己的时间。

佳美也爱上了烹饪节目，在电视上看到更多有趣的饭菜做法和搭配风格，研究食材比例与调料投放。休息日，她的家中也多了很多好友，从一个人下厨到一群人共同享受假日，自己动手，不亦乐乎。烤饼干、烤鸡胸肉、烤比萨饼……佳美渐渐成了朋友圈里有名的“美食家”。

有一个周末，佳美邀请我们到她家做客。一进门，窗明几净的氛围就吸引了我。桌上有精致的杯子和果盘，地上有精美的毯子。而饮水机、榨汁机等，也让人感受到干净和温馨。一个下午的时间，大家畅饮、畅谈，晚上一起下厨、小酌，不亦乐乎。

爱上美食，其实就是爱上美好生活的开始。生活的节奏，若是被压力裹挟，会不知不觉地陷入被动的境地，每天在疲惫和亚健康的状态中度过。而若是化整为零，化被动为主动，找到一种消解压力、平衡工作和生活的方式，亲自动手打理生活，将缤纷的果蔬带回家，把清新的花草种在阳台上，以憧憬和热切的心迎接每一个精彩的日出，不知不觉中，一切都会因向阳生长而愈加灵动。

若说烹饪也是一种爱好，不如说这是贴近健康和回归自然的生活方式。如今，各式各样的餐厅越来越多，如同各种信息渠道越来越丰富，还有多少人愿意放弃快餐式文化，回归整块时间的阅读，回归一个下午备料、洗切、烹饪的漫长过程？我却坚信，虽然碎片化和快餐化已真正浸入我们生活的方方面面，但古朴的阅读和烹饪方式不会褪色。在忙碌中找寻属于自己的一方天地，充满仪式感的自我馈赠不仅不会让时间荒废，反而会让心灵在自我修炼中更加舒展。

精神食粮和物质食粮一样，需要获取与消化。高跟鞋和写字楼已经让生活进入某种程式状态，不妨善待自己的胃，保持良好的皮肤和身材，对抗岁月的侵蚀和疲倦的袭扰，于坎坷不平中延展自己的平和舒坦。

合理的膳食搭配也很重要。身边有不少朋友，饮食重视肉类和海鲜，却不在意蔬菜。而蔬菜含有大量的营养素，是必不可少的。水果也是如此。同时，选择水果还应当注意热性与寒性，比如橘子是热性的，容易引起上火，而橙子是凉性的，有助于败火；西瓜是凉性的，不可与螃蟹共食；桃子是温性的；荔枝和樱桃食用过量都容易引起上火；等等。注意饮食的科学合理搭配，才能保证营养的均衡，在保持充足能量供给的同时，促进身体状况的改善。

成长砝码

烹饪能改善生活品质，更凝聚着热爱生活的态度。一个人生活，或者成家之后，磨炼厨艺能够提高生活品质。外卖和餐厅毕竟不能长久，在家中烹饪，不仅能善待自己的胃，而且能让家人感受到更多的温馨。自己动手，丰衣足食，营养搭配，合理膳食，找一本菜谱，学做几道家常菜，在馄饨、水饺等速冻食品之外，给生活加点滋味，在下厨的过程中发现乐趣。爱心早餐、营养午餐、养胃晚餐，若能再有烘焙的尝试，抑或做些水果酸奶等甜品，生活必将更加健康而富有滋味。

用脚步丈量健康

有人说，步行是最方便、安全的运动方式，所以倡导每天走1万步。计步器也跟着流行起来，有段时间风靡起来，很多人都用专业的记步工具或者手环、软件等，记录每天的步数。而微信运动的功能也越发强大，不仅可以记录自己的步数，还可以看到其他人的步数，并带有点赞功能。在每天的微信步数排名中，总有很多人占领封面，也总会出现很多令人惊叹的步数。

作为运动达人，邱吉是马拉松爱好者。她关注各地举办的马拉松活动，时常抽出时间去参加。从半马到全马，她结识了很多跑友。而因为这一爱好，她在马拉松活动中结识了自己的男友，并喜结良缘。

在邱吉的婚礼上，专门设计了这样一段回顾，即和男友一起跑步锻炼，拿到半马、全马的比赛奖牌。而爱情马拉松，也随着跑步中的情谊逐渐加深，最终奔向婚姻的殿堂。

平日里，邱吉还喜欢戴着蓝牙耳机奔跑，在朋友圈晒出自己的运动轨迹，运动软件还显示步速和总时长。跑步打卡，成为朋友圈一道亮丽的风景。

还有很多健身爱好者，晒出自己在健身房的照片，于是在朋友圈中常常充满着热情与能量。

在这些好友的带动下，我也迈开步子，从半小时到一小时，从跑步机到公园慢跑，开始用脚步丈量健康的生活。

周五下午，一个人去健身房跑步，在跑步机上走走跑跑，听着富有节奏的音乐，身心无限舒畅。跑步不仅能让人身心放松，更能缓解真正的疲劳。

和好友交流，一致的观点是，有时候长长的睡眠并不能真正让人感到放松，反而是一场酣畅淋漓的运动，能让整个人舒爽起来。汗出透，沐浴更衣，再坐在桌前，感到舒朗清透，神思宁静。

正因如此，运动成为职场中每个人必修的功课。若是没有运动，没有健康的生活方式，可能很难承受工作的强度。在运动中修行，投身工作时则能量充沛，更有动力。

人生又何尝不是一场马拉松？村上春树在《当我谈跑步时，我谈些什么》中提到："穿上跑鞋，在脸上和颈部抹足防晒霜，调节好手表，来到路边，然后开始跑步。脸颊迎着迎面而来的信风，仰头遥望将两条腿齐齐并拢横空飞去的白鹭，倾听令人回味无穷的满匙爱乐队的歌曲。"

跑步带来一种人生态度，且不说日复一日的坚持，仅仅本身的机械与不停息，就足以给思维休憩和遐想的空间。而随着身体机能进入状态，心境也跟着奔向阳光，全身充满正能量。若是在自然环境中呼吸新鲜的氧气，看到满眼的绿意，跑步就越发美好了。

快节奏、高强度带来的颈肩痛和眼睛干涩等亚健康问题，已经是难以摆脱的"都市病"。无论何种职业，身体的素质都会影响心情，而心情又左右着生活状态。若是想提升生活质量，必不可少的是改善心情。氧气和新鲜空气是给心灵除尘的最佳方式。热血沸腾的跑步时间，大汗淋漓的运动场所，带给人从内而外焕然一新的感受。这也是朋友们多爱跑步的原因吧！

产后的安妮，晒出了在私教课练习的照片，由于身材发福，她用大大的微笑贴图遮挡头部，写上大大的"麻麻加油"字样。我们都为她感到欣喜。作为圈子里的"励志女神"，她一向充满正能量，而产后对身材不放松，也不令人意外。不出所料，几个月后回归岗位的她更加光彩夺目，不仅身材恢复得很好，而且状态极佳，喂奶、工作、写稿、带娃都不耽误，成为平衡工作与生活的高手。

坚持运动是她保持好状态的秘籍。再问及具体的运动项目，她说，游泳不容易发汗，所以不宜用于产后恢复。其他的运动如羽毛球、乒乓球，又因为对步伐迅捷性有要求，强度太大，不适合哺乳期的女性。瑜伽对于剖宫产的人来说不适合，因为刀口尚在愈合期，瑜伽一些抻拉的动作不利于康复，甚至会造成刀口的损伤。于是，快步走成为最好的锻炼方式。

我又详询了私教的内容。她告诉我，产后私教并不复杂，主要是循序渐进，进行力量的恢复训练。开始是走健身球，后来是练习一些垫上的支撑动作、甩大绳、举球，最后阶段还有举杠铃，练习针对手臂、背部和腿部的器械等。整体 24 节课，每两三天上一次课，一次一个小时。全部的课程练下来，不仅产后的气血恢复了很多，心理状态也调整到良性循环的轨道。看待周围的人和事，更加积极乐观，而对家中的各种事，也从痛苦和疲惫中走出，逐渐得心应手，对孩子和老人的照顾也更加体贴。

看到安妮的改变，我更加相信运动的力量。人生不乏风雨雷电，但迈开脚步向前走，不回头，不迟疑，总能走过风雨，看到晴朗天空下的美丽彩虹。

成长砝码

运动是生活必不可少的环节。当运动成为一种习惯，我们感受到的不仅有身体本身带来的律动和健康，更有心情的放松和舒畅。一场运动，大汗淋漓，放松疲倦，放下负担。而坚持运动也能让人更节制，增进自律，培养不畏挫折的坚韧品质。找一家健身房，或者买台小型跑步机、健身器，或者就是慢跑，只要愿意，随时随地都可以动起来。运动如同给人充电，身体机能得到更好的调节，摆脱亚健康的状态，迅速恢复元气。长久坚持运动的人，能量是饱满的，生活品质更高，精神也更愉悦。

Chapter 6

第六章

精干职场，能干的你磁场强大

办公室的布置透露你的内心

谭果的单位刚刚搬了新址。新办公室里只有沙发和办公桌，等待大家进场后自行布置。两天过后，当大家再相互串门参观时，惊奇地发现，每间办公室都不一样。经过一番整理，谭果发了条微信朋友圈，拍照发了自己的办公空间，并加上奋斗与咖啡的表情。

由于没有固定的要求，所以每个人都将现有的家具自由摆放。有人把沙发放在进门右手边，把办公桌放在正对沙发的位置，进门后看到的就是侧脸；有人把沙发放在靠窗的位置，办公桌放在一进门的左手边，这样进门后看到的是人而不是屏幕；也有两人一间的办公室，把两张桌子并排靠墙摆放，而另外一些办公室则是两桌相对，这样两个人就是面对面工作。

有人在桌上摆了多层置物架，还有人给电脑增加了一个底座，底座是木质的、镂空的，可以摆放很多便签和零散的办公用品。也有人使用笔记本的散热器或电脑支架，以及一些高科技产品。还有些人会把部门通信录贴在墙上，还有些会在办公格子间或者玻璃隔墙贴上一些明信片、便签、祝福语、励志短语等。

同样的格局，同样的面积，不同的人流露出不同的心理和偏好。有的办公室里放置了小绿植，有的摆放了茶具，还有的放置了书架。仔细观察，可以发现大家的喜好与个性。有人热爱家庭，把家人和孩子的照片摆放在桌面或书架上；有人热爱旅行，手边总是放着《国家地理》等杂志；有人是生活家，从精致的咖啡杯到茶具一应俱全；有人是学霸级业务高手，对专业的精益求精从厚重的业务书就可见一斑。

有人喜欢清爽，办公桌上简简单单，有的则是满满当当。每个人的办公室都不一样。同样的格局，同样的面积，不同的人流露出不同的心灵底色。但无论如何，保持条理性都是必需的。

据说，著名作家叶永烈从上海到广州出差，一位编辑得知他3年前写过一个剧本，希望能看一看。叶永烈在旅途中，没有随身携带剧本，便打电话告诉他爱人，说剧本在书橱左边第一格的一叠手稿中，他爱人不到1分钟就找到了，邮寄给了那位编辑。20多年来，叶永烈写作的稿件有上千册，而他一直保持条理清晰的工作习惯。工作中的条理不仅能让人思路清晰，而且能节省时间，提高工作效率。

一天24个小时，对于上班族来说，至少有8个小时身处办公空间，因此，办公室的布置格外重要。根据对美国200家大公司职员做的调查，公司员工每年至少把6周时间浪费在寻找乱放的东西。更不用说有了电脑，很多人的文件管理都是不足的，我观察过很多人的办公电脑，桌面上都摆满了文件。而有心人，则会把文件分门别类地进行归纳整理，查找的时候就会十分方便。

罗鑫是公司的业务主管，每天下班后，他都会抽出十几分钟时间，将自己的桌面整理一遍——已经批示完的材料，一定要在下班前转交出去，绝不能在自己手里过夜；待处理的材料，一定要整理好放在办公桌显眼的位置，绝不能对待办的事情心中无数；暂时没用的材料，要存入档案柜，下班时绝不能杂乱地堆在眼前。然后，在整理完的桌前，认真总结一遍今天的工作，计划一遍明天的工作。罗鑫的这个习惯坚持了很多年，收获颇多。

整理自己的办公桌，其实就是一个打理工作的过程。将批示过的材料转出，不让紧急的文件在自己这里搁置，因为一耽搁往往就很难再想起，容易造成重大的失误；将无用的材料存起来，就是不让过去的事情、没用的东西占据自己有限的大脑，而感觉还有许多事情要做，产生紧张情绪，这对心理、工作都无益；而将没有办好的材料整理出来，是为了防止日后的工作盲目无序，分清轻重缓急，做到心中有数，这样各项工作才不会拖沓、延误。

有时候，打点办公桌不仅是要给自己的工作扫清不必要的障碍，干净整洁有条理的桌面也会在上司那里得到不少印象分。有家公司的主管，私下会通过观察办公桌面来观察一个职员的作风。她在与我聊天时谈到，办公桌如同人的一张脸，从桌面的风格就可以看出这个人的个性和对生活、工作的态度。有些员工的桌子长期被一层又一层的文件覆盖，这样的桌子确实能显示出她比别人忙，但也表现出工作杂乱无章、效率低下。一些新人的桌面少有杂物，这些人往往是公事、私事分得很清楚，工作往往踏实认真。

那么怎样整理自己的办公桌才能尽如人意呢？下面是一些打理办公桌的小方法。

第一，固定物品固定摆放。固定工作模式的建立，会让工作事半功倍。例如办公桌的第一层抽屉放文具，第二层抽屉放文件。这个习惯一旦养成，不但可以保持桌面清洁，而且能马上掌握所有物品的位置，提高工作效率。

第二，办公桌面空无一物才是理想状态。办公桌是个人工作的平台，不是摆放物品的仓库。严格说来，非摆在桌面不可的东西，大概只有计算机和电话，就算是当下会用到的东西，临时摆在办公桌上，那么在工作结束后也要马上收拾干净。

第三，对于文件来说，文件夹和文件架是必需的，因为每天都有很多种文件，若是叠放在一起，不便查找。应当及时归档，分门别类地进行整理。此外，最好将资料都数字化。

第四，对于常看的几本书，建议用书立，整齐的摆放不仅美观，而且易于寻找，随手查阅。关于书的种类，建议多放些和业务相关的，少放些闲情逸致的，或者至少对半分。因为难免有领导或同事来谈事情，会看到桌面的陈设，如果没有一本业务书，会让人对我们的专业素养和敬业精神产生怀疑。过多的杂志、小说，也会让自己分心，不能集中全部精力投入工作。建议把这些与主业无关的书放在抽屉或者书柜里，不要大量摆放在办公区。

经常打理和收纳非常重要，尤其是电子产品，比如办公电脑、笔记本电脑、手机、笔记本等。对于文件进行汇总和归类，对笔记进行重温和整理，重要的事项用备忘录记下，都有助于厘清思路。同事给我推荐了有道云笔记、印象笔记、Good Notes 等软件，而且她还经常用手机和平板电脑看一些视频学习资料，给自己充电。

另外，电子信箱的整理、邮件的归类和及时删除，也能更好地提升工作效率。将常用邮箱关联到手机上，经常进行微信好友分组管理，并及时清理聊天记录和通信记录，这些都是细节，但都有助于节约注意力资源，更符合认知经济的原则，走出杂乱无章，走向井然有序。

每天推开门，走进温馨、干净、整洁、清爽的办公环境，拉开窗帘，迎接一轮热烈、欣喜的朝阳，带上满满的正能量开始工作。这样的生活，谁不向往呢?

成长砝码

表面上看办公桌上杂乱无章不是什么大事，但其实这是一种忙而无序的表现，不仅会加重工作负担，而且会影响工作质量和效率。整理办公桌的过程实际上也是整理工作思路的过程。不管有多忙，借口有多少，都要把办公桌收拾得干净明亮，保持办公桌的整洁、有序，养成好习惯。对职场达人来说，办公桌并不是真正的私有领地，每天收拾一下办公桌，不仅能整理好工作资料，也能给职场印象加分。因为老板其实会私下留心观察办公桌，通过这个小小的细节判断一个人的性格与特点。

同事相处有软肋也有铠甲

有天，魏冉的手扭伤了，手腕处贴了一块膏药。

中午在食堂相遇的时候，同事们纷纷询问，骆媛也是其中一个。得知魏冉的手扭伤，她告诉魏冉，自己有种疗效很好的膏药可以止痛。

中午休息的时候，骆媛敲开魏冉办公室的门，将膏药送到魏冉手中。魏冉顿时感觉很温暖。

还有一次，在魏冉感冒的时候，骆媛也主动送给她一个口罩。

这些不经意的小举动，给病痛中的魏冉带来温暖。而因为热心，同事们对骆媛的印象都非常好。

美国总统威尔逊说："假如你握紧两只拳头来找我，我想我可以告诉你，我会把拳头握得更紧；但假如你找我来，说道：'让我们坐下商谈一番，假如我们之间的意见有不同之处，看看原因何在，主要的症结在什么地方？'我们会觉得彼此的意见相差不是十分远。我们的意见不同之点少，相同之点多，并且只需彼此有耐性、诚意和愿望去接近，我们相处并不是十分难的。那么这样一来，我就会非常高兴并愿意与你一起商谈。"

北风吹人，越是凛冽，就越难以让人减少衣服；而南风吹来，却因为温暖和煦让人脱下厚衣服。职场中的相处之道也是如此，温和让关系更融洽，而剑拔弩张只会激化矛盾，让关系更加紧张。难怪戴尔·卡耐基说："一个人事业的成功，只有 15% 靠他的专业知识，另外 85% 主要靠人际关系和处事技巧。"另一位人际关系大师哈维·麦凯也说过，他所认识的全世界的成功者最重要的特征是：创造人际关系，维护人际关系。可以说，好人缘是现代人事业和职业成功必备的要素。

如何拥有职场好人缘？以下的几个温馨提示，可以帮助我们更好地经营同事关系。

1. 不忽视任何一个人。对每个同事一视同仁，微笑、招呼、问候，包括看门、打水的勤杂工，扫地的清洁工阿姨。善待每一个人，会让自己在工作环境中得到大部分人的善待。不要忽视小人物，多拜拜冷庙，烧烧冷灶。

2. 不要在背后讨论别人。午饭时候是八卦的好时间。如果有同事提起某某人如何，即使有一样的想法，也不要随声附和。最聪明的方法是，微笑着扯开话题，说些风花雪月、衣物饰品、花边趣闻的内容。不要谈论过多的个人隐私。

3. 不要承诺没把握的事。有一句非常睿智的话："诚信就是实现你的许诺，智慧则是不轻易许诺。"对于没把握做到的事情，不要轻易应允。给予的比允诺的多，才是获得认同的最好方式。

4. 参加小范围的分享。同事分享水果或甜点的时候要慷慨接受，参与交流和讨论。不要一味地拒绝，作为礼尚往来，也可以给同事们分享一些咖啡或零食。在参与大家分享的时候，往往能增进交流，让关系更加融洽。

5. 不要斤斤计较。多付出一些努力，喝完水顺便帮同事带杯水；开完会，留下来擦一下白板；同事还在加班时，关心地询问："我可以帮你做点什么吗？"积极主动地工作，不要计较多做，虽然都是小事，但会给他人留下极好的印象。

6. 要勇于承担责任。有时候虽然不是自己的错误，但也不要推卸。即使有些委屈，也不妨承担下来，并真诚地表明自己会改进。做一个勇于承担责任的人，会为自己赢得信任与支持。

7. 要有一颗宽容的心。在同事犯错时，不要讥笑、嘲讽、冷言冷语，要尽量伸出援手。每个人都会犯错，自己出现错误时也同样需要别人的帮助。在别人批评自己时，应该坦诚地接受，因为修剪可以令大树长得更加茂密。

8. 多赞美和感激。不要一味地提出意见和批评，那会给人留下挑剔的印象。应该更多地学会赞美和感激，赞美是一种艺术，它来源于确定的事实，真诚的赞美和感激会让人得到更多的援助及认同。

9. 控制自己的情绪。不要因为私事影响情绪，并把情绪带到工作环境中。负面情绪会引起别人的不快。所以，应该学会控制自己的情绪，调节自己的心态，以积极热情的态度投入工作，用乐观的心态影响周围的人。

10. 保持谦虚好学。老子曾说：“良贾深藏若虚，君子盛德，容貌若愚。”意思是，商人总是隐藏其宝物，君子品德高尚，而外貌却常常显得愚笨。要诚实谦虚，尊重身边的每一个人。善于从每个人身上学习其优点，而不是只看到自己优于别人之处。重剑无锋，真正有分量的剑不需要锋芒毕露，最美的玉会发出最柔和的光。

成长砝码

同事关系如果处理得当，可以感受到和睦与温馨，若处理不当，则会影响工作的氛围。同事遇到困难的时候，最需要帮助与关怀，这时伸出援手，常常会让人如沐春风。而在竞争关系中，对锋芒太盛之人，不妨避其锋芒，不与之正面冲突。与人为善，本着真诚之心与人相处，营造良好的工作氛围。对同事一视同仁，多承担和付出，不问他人的隐私，不谈同事的是非，避免锋芒太盛，温和并善解人意，让自己拥有好人缘。

树立自己的职场品牌效应

嘉禾喜欢发朋友圈，几乎每天都会发一到两条，用文字和图片记录自己的感想与生活琐事。而林悠悠也发朋友圈，却不像嘉禾发得那样频繁，她关注的更多的是一些深度文章，包括与工作相关的理论、热点事件的评论、有哲理的散文等。偶尔发一两条自己的事，也多是与工作相关，与成长有关。

嘉禾被同事定义的形象，是一个热爱生活、情感细腻，但没有太多城府的小女子。而林悠悠则被公认是有思想、有情怀，也有分寸的职业女性。在一次民主测评中，嘉禾得到的投票不多，而林悠悠却几乎得到全票。虽然朋友圈中很多人默不作声，但每个人的眼睛是雪亮的。沉迷在朋友圈中，沉醉在点赞中的人，常常会忘了自己发的内容是给他人看的。在发布消息的直率与快意过后，引发的可能是很多人的思考、遐想，甚至是猜忌与反感。

林悠悠就非常懂得其中的分寸。她认真地对待每一次在众人面前演讲的机会，甚至短暂的发言都精心准备。经过一次又一次大大小小的活动，同事们对她另眼相看，领导也对她青睐有加。不仅如此，林悠悠还建立了自己的微信公众号，把平时自己写的小文章、读书笔记等发布在公众平台。

由于平时注重学习和积累，在一次会议中，每个人都要针对领导提出的话题发表看法，林悠悠慢条斯理却字字铿锵地阐述了自己的看法，给在场的所有人都留下了深刻的印象。后来在一次部门的工作调动中，林悠悠曾经的领导给新部门的领导郑重推荐，说林悠悠很有思想和独立的见解，有独当一面的潜质。新部门的领导对她格外重视，也给了她更多成长的机会，林悠悠的职业道路越来越顺利。不久，她就被调到办公室，成了一个大领导的专职秘书。

相较而言，喜欢晒吃喝与休闲娱乐的嘉禾，虽然没有什么错误，却也没有太多的成长。在领导和同事眼中，嘉禾还是一个小女孩。与林悠悠事业上的发展相比，嘉禾的事业则一直原地踏步。

要想在职场中获得长足的发展，要找准定位，让自己不可替代。换言之，要具备职场的核心竞争力。可以从以下角度考虑：如果自己现在就宣布离职，在单位内部会产生怎样的连锁反应？比如：

在单位运行的某一个或某一系列环节上，是会马上出现问题，还是一切如常？

任何人取代自己的职位后，是能很快胜任，还是会倍感任务艰巨？

领导和同事对自己的离职会作何感想，是遗憾、沮丧甚至痛心，还是根本就无所谓？

乔丹就是职场品牌效应的典范。1993 年乔丹宣布退出篮坛，改行打棒球的那一刻，他的不可替代性就已经凸显。公牛队群龙无首，成为一支弱队。NBA 比赛人气大减，收入损失惨重。1995 年季后赛前，乔丹复出，公牛队又继续上演神话，完成第二个三连冠的霸业。有乔丹在，公牛队联合中心体育馆几乎场场爆满。随着公牛王朝的复兴，NBA 赛场也出现了罕见的火爆场面。

不仅如此，自从加入 NBA，乔丹就成了体坛商业世界重要的组成部分。1984 年，耐克给出堪称天价的代言费，请新人乔丹代言其产品，以 250 万美元购买乔丹 5 年的“穿鞋权”。仅仅 1 年后，耐克就奠定了运动品牌的地位，多年来仅从销售乔丹服装鞋帽获得的盈利就高达数十亿美元。1998 年，美国《财富》杂志发表了一篇题为《乔丹效应》的文章。作者认为，从 1984 年开始，乔丹一个人就为全球经济的发展贡献了 100 亿美元。到 2003 年，该文的作者又把这个数字修订为 130 亿美元。

“乔丹效应”不只体现在体育用品上，麦当劳、可口可乐、雪佛兰汽车……都因乔丹而盈利颇丰。公牛队所在的芝加哥城，也因乔丹而在旅游、纪念品市场受益匪浅。乔丹成为一种品牌。

人们总结出“乔丹精神”，就是顽强、冷静、自信、上进、自制。这正是职场中所必需的品质。

罗赛尔·赛奇说：“坚守信用是成功者的关键。”人格是一生中最重要的资本，有人格魅力的人才能赢得信任。拥有高尚的品格、精明的才干、吃苦耐劳的精神，做事诚恳认真、判断敏锐、才学过人、踏实肯干的人，通常会受到欢迎。除了具备诚实可靠的品格，还要做到坚毅果决。如果做事优柔寡断，头脑不清，缺乏果断的决策能力，那么依然不能让人信任。

是金子总会发光。不计较一时的得失，将眼光放得更加长远，为自己的核心竞争力多做积累。提升自己的价值，成为不可替代的人才。至于领导的重视与同事的青睐，则是强劲实力带来的品牌效应。

成长砝码

尽管在职场中，低调是原则，但在强手林立的环境中，很难在短时间内被领导赏识，若是在某一方面有特长，又能在恰当的时机淋漓尽致地展现，常常能取得意想不到的良好效果。在职场中，职业声誉非常重要，名誉也是生产力。不仅要给人留下干练、美好的印象，更要用心维护自己的口碑。一个错误造成的不利影响，可能要通过100件事来弥补。不逞一时之快，保持谦虚谨慎和戒骄戒躁的作风，深入钻研，增强核心竞争力，持之以恒，才能厚积薄发，让自己在职场中立于不败之地。

找到与领导相处之道

在工作中，范恒非常善于向领导学习，在领导改过的文件中获得进步，努力成为领导的左膀右臂。同时，他能够正确面对领导的批评，用不断提升的素质赢得信任。他还非常重视出勤的情况，每天都会提前一点到公司，对一天的工作做个计划。当别人还在思考今天该做什么时，他已经走在别人前面了。

正如拉瑟尔·瓦尔德所说："像老黄牛一样在办公桌边做事或只知道埋头苦干，这些已不能帮助你获得加薪或提升。如果你能赢得上司的信任，就能在激烈的竞争中，做个让老板无法不用你的人。"工作要长期合作，感情会越来越深，事情会越办越顺。一件事的成功，是下一件事成功的基础。而上司重用一个人，也是从简单的任务交办开始，先让员工完成一件小事，再逐渐加码，布置更重要的任务。在一件又一件任务的完成过程中，个人收获成长，也展现出才能，取得进步，获得提升。正如登山、踏浪，前一步的脚印是后一步的基础。

上司的时间比我们的时间宝贵，不管他临时分派什么工作给自己，都比自己手头的工作来得重要，接到任务后要快速、准确、及时地完成。给上司留下反应敏捷的印象是金钱换不来的。

向上司要求更多的工作与授权。让上司感受到自己的期望与进取精神，这样才有更多机会得到上司的认可。所以，不能只满足于做好自己分内的事，还应在其他方面争取提升自己的工作价值。即使是极为困难的任务，也要勇于尝试。如果的确遇到难题，可以先寻求上司有什么好的建议。可以自告奋勇地承担带新人的责任，以此来表现自己的热情和领导能力。

无论接受的工作多么艰巨，都要努力做好，不能认为“这不是我分内的工作”而逃避责任。即使有额外的工作分派给自己，也要乐于接受新任务、新挑战。主动承担一项被认为不受欢迎的项目，而且尽全力出色地完成，这样便会加深在上司心中的印象。

面对任何困境都能安然自得的人，刚开始就取得了优势。上司和客户不仅钦佩那些面对危机镇定自若的人，更欣赏能妥善解决问题的人。

积极参与公司活动。职场的大小活动可以加深员工在上级主管心中的印象，也可以加强与其他部门主管及人员的交流与沟通。

同时，要与上司保持安全的距离。空间的距离只是人类心灵秘密的部分体现，从心理学的角度来说，有一个适度的距离，能让人们之间产生心理的吸引效应，使人乐于参与积极的人际交往，而过近或过远的空间距离都会使人产生心理的排斥或疏离的效应，使人际交往发生障碍。

从心理学的角度来说，常常有这样一种现象，当与我们最敬佩的人相处过密时，其缺点就会日渐暴露，我们就会不知不觉地淡化对这位前辈的尊重，甚至容易产生一种失望、反感的情绪。正如法国戴高乐将军说的“仆人眼里无英雄”，一语道破了人与人交往中的距离效应。在人与人的交往中，要注意心理距离，否则伟大、高尚也会显得平庸。

对于异性领导，要妥善处理上下级的关系。不但要举止大方、自然、得体，还要在汇报工作时尽量保持开门的状态。如果上司示意要关门，可以轻掩门，汇报完工作后即刻离开。

在着装方面，女职员过于艳丽的打扮更容易引起别人的注意。尤其是在天热时，避免着装过分展现女性的曲线，更要避免短、薄、紧、露、小、透等特点。

要学会适当地“藏美”，让别人对自己的印象从外表美转向内在美，尽量将自己聪明、理性、干练的一面展现出来，不给对方留下任何遐想的空间。

不带有言语和行为的暗示，不要用过于亲昵的称呼。平时除了工作之外尽量不打扰。当我们身边有异性朋友时，一定要注意自己的举止。在和异性上司、异性同事说话时，即便再熟悉也不要用撒娇的语气，以免引起别人的误会。如果谈话中有暗示出现，应该不予理睬，就当没听到，而且不要表现出任何的默认、赞同。最好是借口躲开，让对方知道自己明确的立场，或是转移话题，谈论孩子和家人。

杜绝贪小便宜的心理。当上司给予自己与业绩不相符的提拔和奖赏时，就要有所认识。如果感觉到对方有特别的企图，一定要注意与其保持安全的距离，并把握好语言和举止的分寸。

成长砝码

善于向领导学习，在潜移默化中观察和体会，学习领导待人接物、处理问题的方式、方法，一定会有所收获。有许多领导在观察和考验员工，因此与领导相处得当，取得领导的信任，是职场成功的重要因素。要得到领导的欣赏，在做人方面要谦虚低调，在做事方面要敢于担当，有所建树，并且提升自己的不可替代性，赢得领导的信任。此外，要处理好与异性领导的关系，得到欣赏与青睐，但保持适度的距离，把握好相处的分寸，建立正向积极、阳光健康的上下级关系。

会议桌上如何发言

职场中，开会是家常便饭。如何应对会议，参与并通过会议展现自己，是一个人的职场必修课。

开会时，要带上笔记本，看似是小事，却是非常重要的习惯。

一次开会前，纪凡的桌上什么也没有，因为匆忙忘记带笔记本。趁着会前的5分钟，他匆匆跑回办公室，将笔记本和笔带入会场。会议开始后，果然有很多内容需要做记录，而环视四周，大家也都是奋笔疾书。在这样的场合里，如果他自己没有纸笔，场面会非常尴尬与不妥。事实证明他会前及时折返是正确的。

拥有敏捷的思维和清晰的表达能力固然重要，但更重要的是分清场合，知道何时该讲，应当如何讲到位。对于不熟悉的话题，尽量不要发言，以免班门弄斧。而对于熟悉的话题，也要多听听别人的观点，善于从别人身上学习，而不是一切以自我为中心。

李铭曾经参加一次外事接待，在没有事先跟领导沟通的情况下，对外方的提问直接回应，且滔滔不绝，回答的时候完全没有顾及领导和身边其他的同事。会谈结束后，领导没有多说什么，但在那之后的外事活动，领导再也没有让李铭跟随出场。

沉默常常是沉稳的代名词。但是，过分的沉默也不可取，在领导给机会发言的时候，要争取做到言简意赅、观点新颖。用充分的准备、清晰的逻辑和精练的表达，展现自己的思维能力和演讲才能，往往能让听众感到眼前一亮，给人留下深刻的印象。

王芊在一次会议中，因为过于谦虚，在领导问及很多问题时，都默不作声，不争取发言。而在会议后，有次她途经领导办公室，听见几个领导在一起交谈，就有人对她的能力表示质疑。而她以为的谦虚谨慎，在领导眼里成了能力不强，不敢担当。

而谢蕾在日常工作中话不多，同事聚在一起聊天的时候，她总是微笑着倾听，沉默居多。在一次重要的座谈会上，领导要求她对一个问题谈谈看法。出人意料的是，她一改平日的腼腆，侃侃而谈，主题突出，用了几个关键词概括自己的观点，逐一展开，简洁明了，不拖泥带水。她清晰的条理与严谨的逻辑给在座的所有人留下深刻的印象。而领导私下交流，也对她独到的见解与准确的表达赞不绝口。

我们身边不乏很多“老黄牛”式的人。谦虚是一种美德。“老黄牛”的谦虚没有错，但是过分谦虚往往会形成负面效应，一是显得虚伪，二是自贬身价，让他人看不到你真正的价值。虽然人们不欣赏那种锋芒毕露、恃才傲物、咄咄逼人的员工，但是偶尔恰到好处的表现是可取的。

对于无法展现自己能力的员工，上司常常要花很多心力去了解，不是每个上司都有这种时间。员工适当地表现，可以及早让上司发掘自己的特长。如果员工表现的方式或能力不适当，上级也可以尽早发现，帮助他改进不足之处。

机会是争取来的，在会议上进行有效的汇报，将自己的观点和所做的努力表达清楚，让上司知道自己取得的进展。通常有以下几个方法：

首先，开门见山，先说结果。汇报切忌长篇大论，高谈阔论，不要把时间和精力用来描述所做的事，而要简明扼要，重结果，轻过程。因为上司都很忙，应该用有限的时间，报告上司最关心的事。上司更关心的是这件事的办理结果如何，落实情况如何，是否按期完成，有没有出现违规和疏漏。只要这些没问题，就不必详细描述过程，只说时间节点、完成情况即可。

其次，如果时间充裕，再进一步详细说明过程。报告内容尽可能简明扼要，并且记住先感谢别人，再提自己的功劳。如果是书面形式的报告，一定要署上自己的名字，不要洋洋洒洒，下笔千言，却不署名；或者把直属主管、领导的名字全写上，却唯独漏了自己。

最后，在会议中不要打断领导和其他同事的发言。自己的发言以一到两次为宜，少说话较为明智。要发言，就要说有用的话，说符合自己身份的话，注意说话的态度，同时要注意避免口头禅。如果是重要的发言，则要提前做好充分的准备，形成书面的发言稿。对同事的发言，多赞美，少批评，学会倾听。

成长砝码

会议是职场开展工作的重要方式，也是布置工作的必要环节。会议中如果需要发言，要把握好方式、方法，不过多阐述，保持语言的简练与朴素，逻辑清晰、表意准确，在有限的时间里讲清楚自己的观点，以干练的作风赢得领导和同事的好印象。对待他人的发言，要认真倾听，不要打断，评价的时候要多进行肯定和赞许，而不是批评和指摘。会议中不要总坐在后排，适时靠前坐，离领导不要距离太远，是职场积极心态的体现，也能让自己更加自信。参与感在职场中非常重要，只有善于表达和适度展示自己能力的人，才能得到更多的发展机会。

应酬的每个环节都会暴露你的情商

在职场中，共餐的时间并不少。部门迎来新同事，就会组织大家聚餐。作为老员工，穆莎有着7年工作经历，不算“职场菜鸟”。大大小小的酒席宴会，积累的经验也不少。

穆莎和新入职的郝冰谈天，她淡淡地品一口百香果汁，娓娓道来她的应酬心得。

“如果是大聚餐，分为两种，有的是全部陌生，需要一一认识；有的则是大部分熟识，有几个新人加入；也有时是几个熟人，几个陌生的新朋友。对待每种情况，要做到成竹在胸，还是得多留意。”

穆莎抬起头，长长的睫毛忽闪着，大大的眼睛看着郝冰，充满智慧。她告诉郝冰，如果一桌人都陌生，那么不要轻易做第一个发言和敬酒的人。

作为一个下属，尤其是职场新人，一定要重视自己的餐桌礼仪。将每一次商务宴会或公司聚餐都当成一次严格的面试，可能会得到意想不到的收获。

在正式宴会中，一般都会事先安排座次，以便参加宴会者入席时井然有序，这也是对客人的一种礼貌。非正式宴会时，不必提前安排座次，但通常就座也有上下、尊卑之分。

一般情况下，餐桌座次是“尚左尊东”“面朝大门为尊”。

座位的安排以主人的位置为中心，以靠近主人者为上，依次排列；要把主宾安排在最主要的位置，通常是以右为上，即主人的右边是最主要的位置。离门最远的、面对着门的位置是上座，离门最近的、背对着门的位置是下座，上座的右边是第二号位，左边是第三号位，以此类推。

如有夫人或女士出席，通常把女士安排在一起，即主宾在男主人的右上方，其夫人坐在女主人的右上方。

若主宾的身份高于主人，为表示对主宾的尊重，可以请主宾坐在主人的位置上，主人则坐在主宾的位置上。

主桌有两种：一种是长方形横摆桌，主客面向众席而坐；一种是大圆桌，圆桌中央设饰品盘景或围桌，主客围桌而坐。主桌的座位应摆放席卡签名。

中式宴会多使用圆桌，如果是多桌的大型宴会，则每桌都应有一位负责招待的人员，其两侧的座位是本桌上宾的位置。

较为隆重的中餐宴会，一般会为每位客人准备一份菜单。

中餐的餐具一般有杯、盘、碗、碟、筷、匙等。在正式宴会上，水杯放在餐盘的左上方，酒杯放在餐盘的右上方，筷子与汤匙放在专用座位上或纸套中。

“对于职场新人而言，点菜权通常不在自己手中。但如果领导为了考验一个人，也许会有意安排新来的年轻人点菜。面对瞬间涌入视线的海量菜单信息，要学会迅速地做出归纳总结，然后进行荤素搭配、特色尽显，以照顾在座每位客人的喜好与口味。”穆莎告诉郝冰，点菜的过程中还有一点不容忽视，就是时间的拿捏。时间一定不能太长，饿着肚子的客人会对你的犹豫不决感到非常不耐烦。但是，也一定不要没看完菜单就匆忙做决定，否则会给人留下缺乏耐心、不够专心细致的印象。

郝冰正听得投入，穆莎忽然接了一个电话：“好的，领导，明白。那晚上见。”放下电话，穆莎立刻神秘地看着郝冰，说今晚领导又安排一个场合，邀请她一起参加。

“要提前做好功课才行。”穆莎说着，打开电脑，“饭局培养的是感情，而且通常是为了办成一些事情而举行。我得查一下今晚参加饭局的人的基本情况，知己知彼才能百战不殆。”

她一边在搜索引擎上寻找相关资料，一边跟郝冰讲述着酒局的心得。“敬酒也是一门学问。一般而言，喝什么酒由领导决定，白酒、红酒、啤酒，有时只喝一种，有时是男士白酒、女士红酒，也有时是几种都喝。敬酒时，最好做到一碗水端平，切忌酒桌上只围着领导转，而忽视了其他人。不要厚此薄彼，要兼顾饭局上的所有人。”

“那么，要不要向自己一方的领导、同事敬酒？”郝冰问道。

“这个要根据实际情况灵活处理，有些领导喜欢自己的下属敬自己，交流情况、增进感情，有些却喜欢‘一致对外’。多观察其他同事的做法，或者提前了解领导的喜好，灵活应对。敬酒的顺序要按照饭桌的座次，从主宾方向开始，按顺时针方向，一般不要有意绕开中间的一个或几个人向后面的人敬酒。如果领导正在互敬，那么先向自己左右的人敬酒，也是较为稳妥的做法。”穆莎说。

她还告诉郝冰，要把握好敬酒的时机。“在别人正喝汤或吃饭的时候尽量不要敬酒，在其他人相互敬酒的时候，不要穿插其间。别人酒杯中的酒刚刚喝完时，尽量不要立刻敬酒。比较合适的做法是等到敬酒对象回到座位上，吃几口菜，再次斟满的时候，适时敬酒。而且不要着急起身，通常等等领导，领导敬过后，再端起酒杯。”穆莎端起桌上的咖啡轻啜一口，继续说道，“敬酒的时候，如果在座的领导较多，那么小杯尽量满杯，尽量请对方随意，自己一饮而尽。敬酒时说话要掌握分寸，在席间耳聪目明，领悟到整个酒局的主题，以及席间每个人的身份、背景和相关情况，再有针对性地进行交流。”

郝冰恍然大悟，原来吃饭也蕴含着大学问！把饭吃好，有时候可以让工作中生硬的关系得到缓和，在休闲的场合中增进感情，在友好的氛围中实现互动，进而让领导和同事的关系更加融洽。同时，在应酬中的点点滴滴，体现着一个人的经验与修养，如果表现得当，给领导和同事留下好印象，可以大大提升一个人受欢迎的程度，让职业发展道路更加顺畅。

成长砝码

宴会是一种职场社交，因此饭桌上的点滴都能体现一个人的修养、社会经验、智商和情商。在应酬的场合，有许多不成文的规矩，也有很多习惯做法，要提前进行了解和准备。多阅读一些礼仪方面的书，学习与宴会相关的礼仪，对于职场中人来说是一门必修课。在实践中经历不同的场合，逐渐增长自己的见识，做到优雅从容地应对，学会与不同的人打交道的方式、方法。在宴请中，领导也在观察和考验下属，每个人不同的就餐习惯，常常会反映一个人的性格特点，因此要保持一定的机敏，不能像在家中与亲人就餐一样随意。毕竟，应酬的场合是公众场合，一定要掌握好分寸，妥善处理，活跃气氛但不破坏规矩，通过饭局积累更多的资源。

善于联络感情，织就人脉关系网

为什么有的人能成为“职场红人”，有的人却在职场中四处碰壁？美国教授罗伯特·凯利从事有关“职场红人”的研究长达10年，曾深入全球500强企业和政府机构进行调查研究，发现所谓的职场红人，固然在资质、自信心和人际方面都有杰出的表现，但更重要的一点是“他们懂得运用自身拥有的一切资源”。

有人认为学生时代的友情最纯粹，在工作中很难交到真正的朋友。实际上，在职场中，除了工作场合的接触外，适当建立一些私交，常常会对工作的有效开展有所裨益。人都有感情，一旦建立了工作之外的感情联系，很多问题都会迎刃而解。以诚相待，广交朋友，工作中也可以收获许多对自己有帮助的人和资源。

夏娇刚刚换工作部门的时候，一位女领导主动邀请她看电影。那天傍晚，她们先是一起吃了工作餐，然后一起乘车前往电影院。在这个过程中，夏娇与这位领导有了更多私下的交流，对彼此也更加了解。

麦琪在一次学术会议上结识了一位高校的领导。两人成为微信好友，关注彼此的朋友圈，经常相互点赞。有一次，麦琪的一位朋友打算申请到高校兼职授课，托麦琪帮忙。麦琪想到了这位高校领导。她专程到这所学校拜访，带了一份茶叶作为礼物，并委婉地提出诉求。高校领导看了麦琪朋友的简历，欣然同意给她一个面试的机会。在工作中拓展交际圈，加强感情联络，麦琪的“能量”帮她打开许多别人看来非常困难的局面。

董明也擅长在工作中联络感情。在办公室工作的他，经常能接触到单位其他部门和外单位的人员。每次交往，他都有心留下对方的联系方式，并添加对方为微信好友，逢年过节发送问候信息，在日常生活中遇到对方擅长的领域，也会偶尔请教，渐渐地，他拥有了更多的朋友，在短短数年间取得巨大的进步和成长。

俗话说："万丈红尘三杯酒，千秋大业一壶茶。"一个人的办事能力与其人际关系有直接的联系。要想有好的人际关系，建议遵守以下原则：

1. 不要让身边的人感到紧张和不安。注重自身修养，善于自我克制。当别人对自己有误会或不满时，应该主动表示解释误会的诚意。应该随时设法纠正自己的缺点，做到言必信，行必果。与人交往时必须诚实无欺——这是获得他人信任最重要的条件。

2. 放弃以自我为中心的作风，避免陷入利己主义。如果在交谈的时候，发现自己有这些倾向，应该马上改变说话的语气。与人交流，最受人欢迎的人是倾听者。所以，最好少说自己的身世、遭遇和好恶，而要多听别人说什么，能够自然地表现出对别人的谈话感兴趣，能仔细听对方说话。保持良好的态度，让平等与尊重贯穿交往的始终。

3. 让自己成为一位具有幽默感的乐观主义者。让别人认为与自己交往是有意义、有价值的。努力做到能够主动地爱别人，不要放弃向成功的人表示称赞和祝福的机会，也不要放弃向遭遇不幸或失败的人表示同情和鼓励的机会。主动和别人接触，努力做他人的精神支柱。

职场上，很容易产生许多小圈子，明智的做法是既保持独立，又有自己的好朋友，但不局限在任何一个小圈子里。不要改变自己的风格，要保留真实的自己。结交朋友，但要远离"圈子文化"。

坚守底线，不盲从，清醒地保持自己的立场，用原则和品格赢得多数人的信任和支持，才是正确的做法。建立关系，培养感情，主动关心他人，职场之路也会越走越顺。

成长砝码

在职场中也可以交到朋友，而且工作中的交流是收获友谊的重要途径。不要封闭自己，而要掌握一定的社交技能，懂得如何与人建立联系，发展友谊，从而拥有广泛的交际圈。积累人脉资源与拥有过硬的技术、强悍的实力同样重要。一个真正的社交高手，不仅能识人、察人，通晓与人交往之道，而且能活用这些知识，讲究方法，得到不同人的青睐与欣赏，通过工作关系与不同行业的优秀人士建立稳定的联系，为自己成就更大的事业打下坚实的基础。

Chapter 7

第七章

精美外形，优雅的你悦己悦人

好气色是养出来的

曼妮在律师事务所工作，前几天朋友晒出一条状态，讲律师第二天早上9点前都没有下班的概念。想来，又是熬了一个通宵。后来，曼妮辞职了，她感慨，挣的钱很多都用来买护肤品，却依然对抗不了熬夜带来的黑眼圈和越来越粗糙的皮肤。

律师加班是常态，但想做好一份工作，怎么会没有吃苦的经历呢？有多少牺牲，就有多少成功。若是有追求，没有哪个职位是轻松的。

不过可以适当给自己一点闲暇，照顾好身体。无论怎样，养生都是一个人良好形象的基础。有次与一个校友相约，在下午5点半一起吃晚饭，他说不吃了，要保持体形，不然减肥的成果就功亏一篑了。

也有不少朋友练习各种健身课程，严格地自律，从而让自己越来越精干。

钱珺在家的时候喜欢煲汤，把枸杞、桂圆等煮来喝，或是自己蒸些小南瓜、山药、红枣等作为零食。她的养生之道有些严苛：晚饭不吃主食，而只吃一点青菜，甚至是野菜。她坚持认为，晚饭简食对身体好。

《黄帝内经》有言："余知百病生于气也。怒则气上，喜则气缓，悲则气消，恐则气下，寒则气收，炅则气泄，惊则气乱，劳则气耗，思则气结。"好气色是养出来的，不仅饮食起居要注意规律和保养，日常的情绪管理也很重要。

曾经有首歌叫作《莫生气》，很多老人习惯挂在家里醒目的位置提醒自己。对年轻人来说，这又何尝不重要？职场虽然有辛苦和劳顿，却也可以过得有滋有味。

从前在律所的时候，有下午茶区域，同事们会在那里小憩，每个月还会集中给本月过生日的同事举办庆生派对，大家相聚在一起，欢声笑语，格外热闹。

休息亦是工作的一部分。

养生之道，还在于强身健体，不放弃对运动的坚持。有个好友喜欢打网球，每周三下班后，是他的常规活动时间，风雨无阻。还有的朋友喜欢跑步、打羽毛球、游泳等，这些都是很好的锻炼方式。

我始终相信，只有内在的气血通畅，才能抵御外来的风浪。化妆品只是一种补充，不能作为良药。

王彦家附近新开了一家养生馆，主打经络疏通，不仅有简单的推拿按摩，而且有督脉大灸、刮痧等一系列调理项目。店长给她发来信息：“雨水后，春风送暖，致病的细菌、病毒易随风传播，故春季常易暴发流行性感冒。每个人都应该保护好自己，注意锻炼身体，增强抵抗力，预防疾病的发生。雨水节气，地湿之气渐升，且早晨时有露、霜出现。针对这样的气候特点，饮食应侧重调养脾胃和祛风除湿。又由于此时气候较为阴冷，可以适当地进补，如蜂蜜、大枣、山药、银耳等都是适合这一节气的补品。”

适时的调理和保养对每个人来说都是必需的。良好气色的养成还有一个绝佳的途径，就是读书。读书可以让人安静，在思考的过程中全神贯注，不仅让头脑清醒灵活，还能因增长知识而让自己更淡定从容。心态的养成对于身体的保健自是格外重要。

睡眠也很重要。根据人身体的排毒规律，晚上 9 点至 11 点为免疫系统（淋巴）排毒时间，这段时间应该安静或听音乐。晚间 11 点至凌晨 1 点是肝的排毒时间，须在熟睡中进行。凌晨 1 点至 3 点，胆进行排毒。而凌晨 3 点至 5 点，是肺的排毒时间。凌晨 5 点至 7 点，是大肠的排毒时间。

顺应自然规律的养生之法最简单也最有效。精良的食补、规律的作息、坚持运动、热爱读书、听舒缓的音乐、保持好心情，人自然会表现出滋润的状态。

气色的养成是由内而外的，这样才有一个人魅力的自然散发。无论多少粉底液和遮瑕膏，都遮不住憔悴带来的疲倦和乏力。而若是精气神好了，哪怕少擦点腮红，依然红光满面。

不妨给自己找点快乐。快乐是制造出来的，良好的心情能带来良好的气色，这种正能量传递给人的温暖，也会在别人对待自己的善良反馈中得到正向循环，让自己感受到更多的愉悦与满足。

在繁忙的工作之余，何不给自己一点保养的时间和空间？适当停下来，活动一下筋骨，喝杯玫瑰花茶，吃点红枣、山药、南瓜，拒绝油腻和过量的烟酒，保持良好的睡眠和舒畅的心情，日复一日坚持的效果，会让你在某个清晨对着镜子的时候，发现自己光彩照人。

成长砝码

养生不仅是涵养气血，更是滋养心灵。社会竞争带给人们压力，要懂得养生才能让自己拥有更好的状态。爱惜自己，在饮食起居方面多加注意，调整生物钟，让自己进入良性循环。养生也是一种自律，不贪吃，少饮酒，戒掉不良的饮食习惯，选择少油、少糖的健康食物，保持相对清简的生活方式，让身体更年轻。内在器质干净的人，外表才能洁净。拥有健康的身心，不仅能感受到节制与戒律带来的正能量，也能让自己以更充沛的精力投身崭新的每一天。

干净是一个人的底色，无论怎么强调都不为过

一位企业家朋友的微信签名是：“复杂事情简单化。”有个老领导，曾经在朋友圈分享过一篇文章，叫作《人活到极致，一定是素与简》。

干净，是一束光，一片云，一重境界。我大学时候见过一个女孩，是外校来旅游的，见到她是一个偶然的机会。那天，阳光正好，她穿着粉色的干净衬衣，牛仔裤，白色运动鞋，没有饰品，却格外美丽。这样的干净令人神清气爽。

事实上，正如托尔斯泰所言：“朴素是美的必要条件。”

庄子也曾说：“静而圣，动而王，无为也而尊，朴素而天下莫能与之争美。”爱打扮是女子的天性。有次公司年会，女孩大多数都穿着艳丽的晚礼服，唯独有个女孩穿着一袭黑色长裙，戴着金色的发夹，在人群中淡然微笑，遮不住通体散发出的成熟温润的光芒。

雕塑家米开朗基罗有句名言：“美就是净化过剩的过程。”虽然花有千万种，我却独爱幽兰。那清净与雅致，是隐居的朴素，是心灵的淡泊。林清玄说：“以清净心看世界，以欢喜心过生活。”可以融入社会，但心灵间永远保留鸟语花香，在早晨的一杯清茶中求得馨香满堂，在夜晚的清风朗月里放下所欲所求。

身处凡世，难免被纷繁的世事所扰，可我依然相信干净的内心可以抵挡腐浊的侵蚀。内心越是宁静和无瑕，灵魂就越是独立，定力就越强。坚持一份安然和闲适，保留心底的真诚质朴，在红尘中修行，成为边行走边悟道的人。

曾经看过一篇文章，说高效的人花在挑选每天穿衣的时间，通常不超过 10 分钟。也许外在的简化，反而能节省更多的时间给思想和心灵。李嘉诚戴一块西铁城表戴了十几年，一副眼镜用了十几年，曾因度数增加换过镜片，但没换过镜框。扎克伯格无论是发布会、外出活动，还是演讲，总是穿着最普通的 T 恤和牛

仔裤，上班开便宜的本田车，旅行时最常光顾的是麦当劳。

杜奎是温州的企业家，有次出游，家人们带着孩子来到酒店门前，有些口渴，想着到酒店的咖啡吧买点喝的，他却坚持在一旁的便利店买2元一瓶的矿泉水，因为酒店里的一杯茶要30元。在常人看来，富有的商人应该不会在意这些小钱，而他还是坚持着节俭和朴素。

我曾经劝一个朋友减少发朋友圈的数量，倒不必刻意忍着不发，但尽量少发。通常一个人爱炫耀，是因为内心需要被关注，越是缺失什么，就越想索求什么。而一个内心真正充实的人，从不炫耀拥有的一切。换言之，内心越是丰盈，生活越是素简。

1000多年前，苏轼被贬黄州，与泗州友人刘倩叔共游南山。友以蓼菜、新笋等野菜相待。苏轼品尝后，举箸慨叹："人间有味是清欢。"清欢之所以好，是因为它对生活的超逸，不讲究物质的条件，只讲究心灵的品位。

1845年，美国学者梭罗，只带了一把斧头，到瓦尔登湖边建了一间小木屋，独居了2年零2个月，以验证自己所悟出的人生真谛："一个人，只要满足了基本生活所需，不再戚戚于声名，不再汲汲于富贵，便可以更从容、更充实地享受人生。"返璞归真，让生命回归最舒适的状态。体验结果，放下得越多，就越富有。而后，他写出了著名的《瓦尔登湖》："我们每一天努力忙碌、用力生活，却总在不知不觉间遗失了什么。"

面对不断膨胀的物欲，我们需要的是一颗能静下来的心。多余的财富只能购买多余的东西。人的灵魂所需的东西，很多是不需要花钱购买的。难怪钢琴家霍洛维茨说："我用了一生的努力，才明白朴素原来最有力量。"

一个灵魂干净的人，仪态也是从容的。因为不为琐事烦忧，心灵就格外通彻明达。不被外界的声音干扰，心境就特别通透明朗。心灵的轻松，让人举手投足间透着干练和爽利。再多的化妆品也遮不住心灵的不堪重负。若是给心灵减负，及时清理心灵的尘垢，不化妆也挡不住自信的光芒。

干净是一个人的底色，这不仅指保持清洁，塑造雅致的外表，更重要的是保持内心的清净和独立。了然世事，不争不抢，享受美好的时光，不被外界侵蚀和掌控。清逸的灵魂，才美得最长久。

成长砝码

一个心性纯净、灵魂清澈的人，举手投足也是优雅的。让仪容干净、心灵干净、圈子干净，给心灵开辟一个港湾，清除杂质，抛却杂念，获得一个纯粹的世界，让灵魂停泊在此。干净、简单、天真、自然，到了一定的年龄后，“干净”就会转化、提升为“清雅”，这是一种返璞归真的人格魅力。舒适、美好、恬淡，不随波逐流，不放弃自己的底线和原则，出淤泥而不染，看过世间的纷繁，内心依然澄澈；走过风雨坎坷，依然保持初心与善意，不染尘埃。

瘦下来的日子，良性循环开始了

2019年的春节晚会上，48岁的闫妮的好身材得到了广泛的赞誉。微信朋友圈中出现很多文章，热议闫妮的自律、健身、修行和阳光。本质上，大家是对她作为一个演员在容貌和身材方面的精益苛求心生赞叹，赞美她修炼气质的生活态度，欣赏她不因年龄而放松对美好形象的塑造，始终热爱生活、用心生活。

卓麟一直保持着纤细的好身材。有段时间她有些发福，后来下定决心控制饮食，疯狂健身。在跑步机上度过每天晚上的时光。两三个月过去后，她发了朋友圈："身材回到20岁，心态也似乎变得年轻了。"

瘦下来的日子，一切都变得灵巧了。不仅身体变得轻松，更重要的是可以穿很多有型的衣服，不再因为身材的走形而不自信。穿上这些精致的漂亮衣服，迈开步伐，仿佛身边都荡漾着清风。走路生风，人也神采奕奕。

健身还有助于保持健康。肥胖会导致很多疾病，这是不争的事实。不知有多少"三高"和糖尿病患者是饮食的油腻多糖导致的。饮食的不加控制，导致肥胖的概率增大。而胖人和瘦人相比，患各种疾病的风险也会增大，而且更容易疲劳。

不仅影响健康，更为关键的是，肥胖让自己变得臃肿，身上存在许多赘肉的时候，人也容易变得慵懒。懒惰容易进入恶性循环，且越是肥胖，越容易放弃对美好身材的追求。放松对自己的要求，看似安逸，实际上会带来越发懒散的生活状态。

有次从健身房练习过后，又在跑步机上快步行走。行走的过程中，听着励志的音乐，忽然觉得生活无限美好，前途无限光明，所有的负面情绪和消极思想都一扫而空。对抗地心引力，何尝不是在对抗自己的惰性？体育带给人生活的希望和向上的力量，而瘦下来，只是这种状态影响下的必然结果。

瘦下来后，良性循环就开始了。瘦下来的日子里，对饮食也开始自觉地加以控制。因为身体有记忆，肠胃的容量有惯性，若是习惯了清汤简食，对大油大肉的渴求也会相应减少。当饮食戒除了油腻荤腥之后，对营养的均衡搭配也会格外注意。若是调理和养生成为习惯，健康怎么会远离？

瘦下来的日子里，连行走的步伐和做事的节奏都会有所不同。不能说健身必然带来积极的人生态度，但大多数情况下，健身的人有着乐观、主动的态度。

在瘦下来的日子里，好人缘和社交圈都会跟着拓展。记得有篇文章，讲金融圈的人善于进行身材管理，因为见客户的时候，好身材就是一张无形的名片，藏着一个人自律的要求。

因此，我有些金融圈的朋友，因为经常要见客户、谈事情，而格外重视身材管理。很多企业的老板，也都注重健身和好身材的保持。不仅是企业家，有位著名作家在餐厅等朋友的时候，也会做平板支撑，保持体型。而我有两个女性朋友，在生育后的 1 年内，迅速瘦回产前的状态，甚至比以前还要紧致有力量。不知这经过了多少个日夜的苦练。

健身随时可以进行。办了昂贵的健身卡，未必能常常前往健身房。若是愿意瘦身，哪怕在办公室和家中也可以进行有益的锻炼。平板支撑、卷腹运动、拉伸与弹跳等简单的运动，不需要太大的场地，却能在重复中悄然改变一个人的气质。关键是想与不想，能不能坚持。迈开步子是最难的。

人生恍若一支离弦的箭，当弓被拉满、箭飞跃而出，就会沿着风的方向疾驰。在与俗世的摩擦中，我们无法掌控环境，但可以坚持修炼，养成习惯，对抗消极和不安，给自己一个支点，撬动幸福。瘦身不仅能带来体形的改变，还能凝聚一个人不安于现状的态度，对美好形象的追求，对自我的严格要求。长期的自我坚持、自我修炼、自我更新和自我提升，会带来持久的新鲜与动人，久而久之，魅力自成。

成长砝码

肥胖通常会带来很多健康问题，而体重保持在合理区间，不仅对健康有益，还透露着一个人的精干、自律。先天造成的肥胖是较少的，肥胖更多是由后天的暴饮暴食、不节制的饮食习惯造成的。多运动的人，身材也许不是纤细的，但一定是健康的。让自己瘦下来，才能拥有更轻盈的身心。身体是有记忆的，如果能减成易瘦体质，在饮食上多加注意，多运动，一般不会反弹。减肥不仅能减少脂肪，而且能减少臃肿与懒惰，让身材更加紧致，仪态更加美好，行动更加自如，更富有活力，也更有魅力。

80% 的第一印象藏在 20% 的细节

人们常说，看一个人的形象，先看头和脚。的确，就像我们走进一个人家里，装修得好不好，先看厨房和洗手间。一个人与一个家一样，80% 的第一印象，蕴藏在 20% 的细节。

记得以前读过一本书，讲文学创作技巧，作者谈到怎样描写一个人的外形时，要求大家闭上眼睛，回忆让自己印象最深刻的几个特征。哪些特征会忽然闪现在你眼前，让你过目不忘，抓住这几个特征，就可以把这个人写得活灵活现。常常有这样的体会，见到一个人，我们不一定能记住对方整体的形象，但总能记住一些细节。这种映入眼帘的印象来自什么呢？也许来自发型和皮鞋，而更多的来自举止间的一个眼神、一个动作。

岑秋是一个美术老师，专业是版画。她烫着大波浪卷发，妩媚而柔情。有次，她给学生看自己大学时候的照片，留着齐刘海，直发，气质清新脱俗。发型的改变，让一个人的气质都改变了。她说自己大学的时候，有次暑假去烫了当时很流行的离子烫，俗称“拉直头发”，回到学校的时候，很多朋友说一下子没认出她。烫发的时候，老板一边摆弄着烫发的机器，一边说：“现在的女孩来烫发的可多了，直发秀气，卷发洋气。”

过去了很多年，每逢春节，岑秋还是习惯去做头发，经常是烫半头的卷，就是把披肩长发的下半部分贴近颈肩的半段，烫微微的卷。这也是近年来流行的烫发造型，不做整头的卷，也不做过于细小的卷。

此外，岑秋还非常注意头发的护理，常做保养，让头发保持水润。她购买了大瓶的营养素，经常在中午休息的时候去理发店做保养。长此以往，她的头发一直保持着乌黑亮丽的状态。有时出差，无法坚持做保养，她会在每次洗发的时候用护发素，吹到八成干，再抹些精油或护理液，加强对头发的保养。

鞋子也会改变人的气质。相信很多朋友都有这样的经历，在服装店的试衣间里经常有高跟鞋，供大家踩上试穿衣服的效果。这当然有原因。同样的一件连衣裙，若是穿平底的布鞋和高跟的皮鞋，效果截然不同。所以穿搭的时候，很多人不仅注重外衣的搭配，更注重是否与鞋子和谐。好的鞋子不仅要美观，更重要的是合脚。

廖琮曾经有很多次尴尬的经历，穿了不合脚的高跟鞋，开始还能勉强走路，过了很长时间，甚至连站立都困难，只能硬撑着痛苦的脚，小步挪动。有次跟朋友去公园，打算拍些写真照片，廖琮穿了双高跟凉鞋。在公交车上站了1个小时，下车的时候已经几乎不能走路。无奈之下，又打车到公园附近的商场，现买了一双合脚的平底凉鞋。

对袜子的选择也是一样。有次出门匆忙，廖琮没来得及找丝袜，穿了双平底露脚面的鞋子，随意穿了双棉袜。那天中午吃饭的时候她的几个同事指出："下次可不能再这样穿啦！""平时都很讲究，这回可是不够注意啊！"偶然的疏忽，都容易造成一整天的尴尬。

服装的细节，看似是小事，却时时刻刻让我们置于别人挑剔的眼光中，尤其是在职场。华尔街曾经流行这样一句俗语："永远不要把钱交给穿着破皮鞋的人。永远不要相信一个穿着旧皮鞋和不擦皮鞋的人。"由此可见，一双小小的皮鞋就可以展现一个人的形象和仪表，进而传递出一个人的处事和生活态度。面对一个仪表堂堂却穿着一双破皮鞋的人，我们怎样说服自己相信他呢?

小艾每天都穿得很精致，经常是名牌的包，带锁链的金丝眼镜，搭配干练的套装裙。妆容也十分精致，甚至有些浓重。有天，她的眼睛有些浮肿，人也格外慵懒。一时间竟也说不出是什么原因。原来那天她没有化妆，素颜出现。前一天晚上，她熬夜做 PPT，早上匆忙，没来得及打扮。

归根结底，还是健康与好心态最重要。只有每天悠然且从容不迫地生活，步伐才不至于太赶，神情才不至于过于沮丧、慌张。

给自己一点时间，再繁忙也不忘敷一张面膜，睡个美容觉，提前准备好第二天的衣服和鞋子，擦干净鞋子，再抹点鞋油，或者送去皮鞋店进行定期护理。适时到理发店修剪头发，做些养护，戴一条精致的项链，或者一个精美的发夹。看上去都是小细节，而这份用心，不经意间就留给人无限美好的印象。

成长砝码

发型和鞋子很容易闯入人们的眼帘，给人留下第一印象。我们对人 80% 的印象，常常由 20% 的细节决定。看似是细小的点滴，却处处体现出一个人的品位。头和脚的打扮会影响一个人的整体气质，要选择适合自己形象的，能够彰显自己优点、适应职业定位的发型，选择舒适而提升气质的鞋子。细节体现的是一个人用心的生活态度，留心细节的人才更容易得到别人的信任。当我们用心选择发饰、项链、胸针、手表、袖扣等物件，不仅能让自己感受到一份精致，传递给他人的信息也是积极而美好的。

分场合穿搭不出错

大学时，设计专业老师在“珠宝鉴赏”课上说，她可以通过每个人的外在穿戴打扮，看出这个人所有的气韵、过往、经历和品位。记得有部电影叫《闻香识女人》，讲的是一位美国中校经历过战争和许多挫折，在一次意外事故中双眼被炸瞎。失明生活使他对听觉和嗅觉异常敏感，甚至能靠闻对方的香水味道识别其身高、发色乃至眼睛的颜色。这都源于他对生活的深刻理解和感悟。

在生活中，我们通过服装、发饰、鞋帽，甚至丝巾的搭配，大致可以了解一个人的生活水平、精神状态和时尚品位。

电影《杜拉拉升职记》里一开始就是徐静蕾扮演的杜拉拉在赶去上班的路上拎着高跟鞋，踩着平底鞋。这也是职场中很多女性的真实状况，至少在路上穿平底鞋，到了办公室再换上高跟鞋或搭配职业装的皮鞋。

不仅是女性，男士的穿搭也很重要。同样的服装，配的鞋子不同，效果会截然不同。这仅仅是一个小细节。其实要注意的细节还有很多。

在社交场合中，国际上通行的服装礼仪原则是TPO，T指时间（Time）、P指地点（Place）、O指交际应酬对象（Object）。即穿着打扮应考虑不同的时间（如季节、气候、时令等）和地点场合，并根据不同的社交和应酬目的，以及需要面对的对象进行选择。服饰既要应景，也要得体。

虽说衣服是个性化的选择，但职场里的穿搭还是有些基本规则。比如：

1. 上深下浅：端庄、大方、恬静、严肃；

2. 上浅下深：明快、活泼、开朗、自信；

3. 突出上衣时：裤装颜色要比上衣略深；

4. 突出裤装时：上衣颜色要比裤装略深；

5. 绿色颜色难搭配，在服装搭配中可与咖啡色搭配在一起；

6. 上衣有横向花纹时，裤装不能穿竖条纹的或格子的；

7. 上衣有竖纹花型时，裤装应避开横条纹的或格子的；

8. 上衣有杂色，裤装应穿纯色；

9. 裤装是杂色时，上衣应避开杂色；

10. 上衣花型较大或复杂时，应穿纯色裤装；

11. 中间色的纯色与纯色搭配时，应辅以小饰物进行搭配。

也有几个忌讳：

1. 裤子太长或太短。合身的裤子应该在轻微屈腿时，裤脚刚好落在脚踝的位置。

2. 皮鞋配白袜子。白袜子是为户外工作而设的，而不是用来搭配休闲皮鞋的。不要尝试这种穿法，否则会给别人留下没品位的坏印象。

3. 混合图案。假如坚持要将不同的图案穿在身上，就必须保证其中的一个图案比另外一个低调。

4. 丝袜过于性感。对女子来说，丝袜若是搭配得当，会彰显优雅的气质。而若是搭配不当，不仅会拉低整个穿搭的档次，也容易让自己被排除在优雅的评价之外。

在诸如开会、签约、迎接、宴会等正式的公务场合及重要的社交活动中，服饰风格应该端庄大方，切忌过于随意或过于时髦，例如男士应该穿深色西服，并系领带；女士应该穿西服套裙配衬衫，可以化淡妆。在正式场合中，服装上的衣扣要扣严，不要随意挽起衣袖或者裤脚。衣袋和裤兜里不要装太多东西，以免衣袋和裤兜鼓起。新衣服上的吊牌一定要记得拆掉。男士尽量不要穿羊毛衫，腰上不宜挂任何配饰，如钥匙链、玉佩等。全身上下的颜色不要超过 3 种。女性的服饰不宜过于暴露，不要有褶皱、破损。服饰要合体，不能过大或过小。休闲装、夹克、运动服、牛仔装、吊带背心、透视装、短裤、旅游鞋、凉鞋等，都不适合正式场合。

在诸如宴会、酒会这类氛围比较轻松的场合，男士可以不用穿整套西服，但必须穿衬衫和西裤，并且要干净、熨烫整齐，女士可以选择适合的小礼服或旗袍。在诸如舞会、晚会这种氛围欢快的场合，女士可以穿礼服裙、化浓妆；男士可以穿衬衫、西裤、皮鞋，也可以穿一些有色彩和图案的服装。而在与同学、朋友聚会的场合，服饰可以随意一些，突出时尚个性。

有了这些基本原则还不够，根据季节的不同和场合的变化，还得准备多套不同风格的衣物。除了职场需要的西装和皮鞋之外，对男士而言，休闲场合的夹克、休闲单西等是必备的，冬季温暖而不臃肿的外套也是职场和商务场合必备的。此外，还有运动装，在健身房是必需的；贴身的保暖衣，对于冬季不得不穿衬衣或羊绒衫的商务人士也是必要的。当然还有鞋子，职场里男人的皮鞋是否服帖、洁净，对于一个男人的气质和形象格外重要。

对于女子而言，各种场合更需要不同的服装。

蒋宁每次赴约前，总是问去哪里吃，一起吃的还有谁。后来有次见面闲聊，她提到自己这个习惯是因为有次尴尬的经历。那次，和一群朋友吃夜摊的烧烤，结果她没有准备，穿了件白旗袍。场面的窘迫可想而知。在烟熏火燎的环境里，白旗袍被弄脏不说，在地摊的小马扎坐着，也非常不方便。从那次以后，她养成了提前询问场合和同行者的习惯。正是这个好习惯，让我每次见到她，都觉得她的穿搭格外适合今天的场合。与领导见面时，优雅的格子裙大方而有格调；与姐妹相邀时，卡其色的休闲装亲和轻松；与陌生人初次见面时，淡灰色或藏蓝色的职业装保守稳重；与爱人同行时，一袭粉色的连衣裙温馨可人……

她成了朋友心中穿搭的典范。有次，她带着几个好友到一家名品服装的工厂店，低价和折扣让大牌的衣服能够被平价购买。朋友们终于得知她的“百变”不是靠钱砸出来的，而是精细打理和安排的……

每个人都有自己的穿衣心得，大概也都走过弯路，常常是花了很多冤枉钱，买到的衣服却不适合自己，或者穿搭不出期待的效果。分场合的服装搭配不但不能出错，还要出彩。既要合身、舒适，又要适合自己的气质和当天的温度、气氛。服装搭配看似是小事，实则会影响我们一整天的状态，影响别人对我们的印象。若想熟练掌握穿搭技巧，常识和基本规则固然重要，但更重要的是在“摸爬滚打”中进行有益而大胆的尝试，经过一些波折，通过“久经沙场”的历练，最终到达“渐入佳境”的理想状态。

成长砝码

服装搭配能彰显一个人的修养。服装无对错，关键看场合。在特定的时间和地点要选择与场合相符的衣服，遵守着装礼仪规范。职场上不宜穿过于暴露和夸张的衣服，保持职业形象的端庄与素雅。休闲场合可以突出个性，但也要注重穿搭的协调性，彰显自己的品位。衣柜里常备不同类型的服装单品，比如运动装、礼服裙等，以适应不同的场合。多花些时间和心思研究服饰穿搭知识和技巧，在明星的穿搭、时尚杂志和书籍中增长见识，让自己有更好的品位。

个性由内而外散发

接着说穿搭的个性化。

个性原则指在社交场合树立个人形象的要求。每个人都希望以一个独立的人的身份被社会接纳与认可，而服饰打扮可以帮助自己实现这个目标。

要使打扮富有个性应该注意两个问题：一是不要盲目地赶时髦，最时髦的往往是最没有生命力的；二是穿出自己的个性。俗话说："世间没有两片完全相同的叶子。""一样米养百样人。"不同的人由于年龄、性格、职业、文化素养等不同，自然会有不同的气质，所以服饰选择应符合个人的气质要求，同时通过服饰表现个性气质。为此，必须深入了解自我，让服装尽显自己的个性风采。一个盲目追求时髦的人必然会失去自我，可想而知，一个身为教师的女性穿着透视装和超短裙出现在讲台上，是难以理解的。服饰的个性原则，归根结底也是一个美的原则，服装搭配技巧美的生命力就在于掩盖人们的缺点，凸显人们的优点。

色彩的起源，是原始人观察到油脂滴到某些泥土里会变色，于是原始人的王开始在脸上涂色。后来，人们发现用亚麻油、树胶、蛋清、蜡等聚合，混在一起会出现颜色，色彩逐渐渗透到人们的日常生活中。据调查，全人类在消费服装时，对色彩的挑选占64.8%，对款式的选择占55.7%。在服装搭配中，色彩的选择和运用是一门大学问。

色彩也有表情和性格。比如红色是张力很强的色彩，传递出强烈、外露的意思，具有呼之欲出的力量感，蕴含着脱颖而出的意味，有跳脱的能力和激昂热烈的感觉；黄色的内涵是辉煌灿烂、神秘、崇高、权力；蓝色意味着智慧、理智、高深；紫色高贵、神秘、优雅、华丽；粉色浪漫、甜美、可爱、娇艳；黑色意味着极致、肃穆、庄重；白色高尚、纯净、神圣；灰色高雅、考究，艺术感和现代感强；驼色意味着可靠、亲近、优雅、深远、依赖；青色则古朴而庄重，久远、庄严、务实、耐人寻味；金色通常代表雍容华贵、富贵、权力、财富；银色低沉、内敛、高档。

对于每天需要穿着职业装的女性来说，怎样的色彩搭配会让办公室里的风景更加别致呢？职业女性更多的活动场所是办公室，工作中的人需要专心致志，平心静气地处理各种问题。而要营造这种沉静的氛围，在着装时应尽量选择低纯度的服饰。纯度低的颜色更容易与其他颜色相互协调，这能使人与人之间增加和谐亲切之感，从而有助于形成协同合作的格局。另外，可以利用低纯度的色彩易于搭配的特点，将有限的衣物搭配出丰富的组合。同时，低纯度会给人谦逊、宽容、成熟感，借用这种色彩语言，职业女性更容易受到他人的重视和信赖。下面举例来说职场的色彩搭配要诀。

白色的搭配方案：白色可以和任何颜色搭配，但想要搭配得巧妙，也需费一番心思。

1. 白色下装搭配带条纹的淡黄色上衣，是柔和色的最佳组合。

2. 下身着象牙白长裤，上身穿淡紫色西装，配以纯白色衬衣，不失为一种成功的配色，可以充分显示自我个性。

3. 象牙白长裤与淡色休闲衫搭配，也是一种成功的组合。

4. 白色褶裙配淡粉红色毛衣，给人温柔飘逸的感觉。

5. 红白搭配是大胆的结合。上身着白色休闲衫，下身穿红色窄裙，会显得热情潇洒。在强烈的对比下，白色的分量越重，看起来就越柔和。

蓝色的搭配方案：在所有的颜色中，蓝色服装最容易与其他颜色搭配。不管是近似黑色的蓝色，还是深蓝色，都比较容易搭配，而且蓝色具有紧缩身材的效果，极富魅力。

1. 生动的蓝色搭配红色：使人显得妩媚、俏丽，但应注意蓝红比例适当。

2. 近似黑色的蓝色合体外套，配白衬衣，再系上领结，出席一些正式场合，会使人显得神秘且不失浪漫。曲线鲜明的蓝色外套和及膝的蓝色裙子搭配，再以白衬衣、白袜子、白鞋点缀，会透出一种轻盈的妩媚气息。

3. 上身穿蓝色外套和蓝色背心，下身配细条纹灰色长裤，能呈现出一派素雅的风格，因为流行的细条纹可以柔和蓝灰之间的强烈对比，增添优雅的气质。

4. 蓝色外套配灰色褶裙，是一种稍微保守的组合，但这种组合再配以葡萄酒色的衬衫和花格袜，会显露出一种自我个性，从而变得明快起来。

5. 蓝色与淡紫色搭配，会给人一种微妙的感觉。蓝色长裙配白衬衫是一种非常普通的打扮。如果能穿上一件高雅的淡紫色小外套，就会平添几分成熟都市味。上身穿淡紫色毛衣，下身配深蓝色窄裙，即使没有俏丽的图案，也可以在自然之中流露出成熟的韵味。

黑色的搭配方案：

1. 黑色是种百搭的颜色，无论与什么颜色放在一起，都会别有一番风情，和米色搭配也不例外。

2. 上衣可以是夏季那件黑色的印花 T 恤，下装就换上米色的纯棉含莱卡的及膝 A 字裙，脚上穿白底彩色条纹的平底休闲鞋，整个人看起来会格外舒适，还充满着阳光的气息。

米色的搭配方案：在如今的时尚中，米色因其简约、富于知性美而成为职场着装的常见色。要将任何一种颜色穿出最佳效果，都要讲究搭配，米色也不例外。

与白色相比，米色多了几分暖意与典雅，不事夸张；与黑色相比，米色纯洁柔和，不过于凝重。在追求简单、摒弃繁复的时尚潮流中，米色以其纯净典雅的气息与严谨的现代职场氛围相吻合。

1. 一件浅米色的高领短袖毛衫，配上一条黑色的精致西裤，穿上闪着光泽的黑色的尖头中跟鞋，一位职业女性的专业感就被塑造出来了。

2. 一套黑色条纹的精致西装套裙，配上一款米色的高档手袋，给人一种干练、强势的感觉，既有主管风范又不失女性优雅。

除了色彩，款式也因人而异。不同的体形着装意识应有所区别。

1. 对于高大的人而言，在服装选择与搭配上应注意：上衣适当加长以缩小高度，切忌穿太短的上装。服装款式不能太复杂，适宜穿横条或格子上装。服装色彩宜选择深色、单色，太亮、太淡、太花的色彩有扩张感，会显得更大。

2. 对于个子矮的人而言，希望通过服装打扮拉长高度，所以上衣不要太长、太宽，裤子不能太短，裤腿不要太大，裤子宜盖着鞋面，服装色彩宜稍淡、明快柔和些，上下色彩一致可形成修长之感。服装款式宜简洁，忌穿横条纹的服装。V 形无领外套，比圆领更能营造修长之感。简洁的连衣裙可以提高腰线，忌用太阔的腰带。

3. 对于较胖的人而言，穿衣就要尽量让自己显瘦，所以不能穿太紧身的衣服。以宽松随意些为好，衣服领以低矮的 V 形领为最佳，裤或裙不宜穿在衣服外边，更不能用太夸张的腰带，这样容易显出粗大的腰围。在颜色上以冷色调为好，过于强烈的色调会更显胖。忌穿横条纹、大格子或大花的衣服。

4. 对于偏瘦的人而言，要尽量穿得丰满些。不要穿太紧身的服饰，服装色彩尽量明亮柔和，太深或太暗的色彩反而会更显瘦弱。可以选穿一些横条、方格、大花图案的服饰，以达到丰满的视觉效果。

5. 脸型长的人不宜穿长形领、V 形领和低领的衣服，也不宜佩戴下垂的长耳环，而要选择圆领或高领的衣服。脸型方的人不宜穿方领服装，也不适合戴宽大的耳环，而适宜 V 形领或者勺形领的衣服。脸型圆的人不适合穿圆领或高领衣服，而 V 形领或翻领的服装较为合适。

6. 对于脖子较粗的人来说，避免穿领口窄小的衣服，也忌用又短又粗的项链和围巾。脖子短的人要避免高领衣服，而选择敞领、翻领或者低领服装有助于在视觉上拉长脖子的长度。如果脖子比较长，可以选择高领服装，系一条围巾或丝巾，但要避免低领衣服。

7. 如果肩膀较窄，要避免无肩缝或又窄又深的 V 形领服装，而宜选择方形领、泡泡袖或有垫肩的衣服。如果肩膀较宽，则要避免穿长缝的或者宽方领口的衣服，无肩缝的毛衣或大衣，深V形领或者窄V形领，都有助于在视觉上缩小肩宽。

8. 不同年龄段的人穿衣也有不同的法则。20岁到30岁之间的女性，靓丽与青春是特点。30岁到40岁之间，则要选择做工考究、面料质地较好的衣服。40岁以上的女性，不妨穿得鲜艳些，选择品质上乘的服装，体现优雅气质。

此外，鞋子的颜色、质地、款式都要与服装保持协调。例如紧身裤可以和高帮运动鞋搭配；薄呢长裙可以和高跟长筒靴搭配，穿旗袍尽量选择高跟鞋，穿喇叭裤时搭配细高跟的鞋，穿牛仔裙时要搭配休闲鞋等。如果恰当地搭配帽子、眼镜、丝巾、配饰等，能更加彰显个性和品位。

成长砝码

选择适合自己的，通过服装体现审美，让服装为个人的内在修养和丰富内涵代言。服装有千万种，唯有适合自己的才是最好的。不追逐潮流，而要理解并懂得自己的特点，根据自身的条件选择最合适的服装。选对服装，兼顾舒适度与品质感，行走间自会成为靓丽的风景。敢于抛弃黑、白、灰，善于运用更多的色彩打造别样的气质。无论是热烈的红，还是静雅的蓝，只要选对明度、纯度，找准适合自己的风格，都能彰显个性。一年四季、不同的年龄，都可以穿出更多精彩。

聪明人的背包里装着什么

心蕊喜欢背小包，倒不是带有名牌标签的包，而是精致的、耐看的小包。米诺很好奇她的包是哪里淘来的，以及小包里装着什么。有次在一起去食堂的路上，她看到心蕊穿着风衣，拿着自己的小包，看样子是打算出去。在盥洗间里，心蕊一边聊天，一边从小包里拿出一张纸巾、一支口红和一面小镜子，用短暂的等电梯时间，在唇边描红。原来她的包里，至少装着补妆的必备物品。

默默观察心蕊一段时间后，在一个阴雨绵绵的闷热午后，米诺也开始整理自己的背包，把一些不常用的大钱包、笔记本、签字笔、粉底液、小瓶小罐等都取出来，而留下必备的钥匙、纸巾、睫毛膏、口红、小木梳、一支笔和一本便签本。

此外，米诺爱上了手工包。她发现一家手工包定制店，老板的技艺超群，眼光也非常独特，总能挑选到别致的布料、口金和包链，打造出一个个独特的“私人定制”手包。在这里，她买了很多款不同的包，如化妆包、手机包、首饰包、挎包、手包等。

记得日本曾经有本畅销书，叫《聪明女人背小包》。那本书探讨的不仅仅是背包里装什么，而是倡导一种极简的生活理念。近期，一篇题为《让你人生瞬间豁然开朗的36个神回答》的文章中提到：“做哪些事情可以提升生活品质？”答案是：“定期扔东西。”极简主义，渐渐成为一种潮流。

繁杂不来自事情，而在于处理事情的方式。根据认知经济的原则，认知的注意资源有限，我们能同时处理的事情是有限的。所以，精简和简化就是必备的思维和习惯。而背包就是极简主义在日常生活中的一个体现。

每天的通勤不是旅行，无需把不必要的物件一直带在身上，徒增劳顿和负累。而且，不是所有的大品牌都好。有次去小商品城购物，发现很多韩国代购的小粉底液，虽然不是大牌，却很细腻好用。而且眼影也有小盒装，便于携带。这些惊喜的发现让我重新整理了自己的化妆小包。

一个人的品位不由包是不是奢侈品决定。有些 LV 的老花包，固然经典，却容易流俗。而只有不盲目跟随潮流，找到适合自己风格气质的包，放自己必备的物品，才是真正符合自己需要的。这不意味着排斥奢侈品包。如果经济条件允许，很多品牌有多元的风格，也凝聚了设计师的审美，就会成为当下的流行。只是，不可勉强在经济条件不符的时候享受这些平凡人手中的不凡之物。若是挤着公交车，却硬要背一个 Gucci 酒神包，就算是有自己的追求，也不容易引起身份认同。

有句话说，奢侈品对不平凡的人而言，就是平凡之物。所以，如果具有身价和品位，即使不拿带 Logo 的包，只拎一个普通的手包，也会因举手投足间的优雅传递出修养。与自己的身份和生活水平相符的，就是最好的。而他人不会因为一个爱马仕的包就高看你一眼。那只会让人们认为，你足够有钱。一个人的内涵，更多的是体现在开口的谈吐、待人接物的礼仪，还有日积月累的相处中展现出的优秀品质。

品质人生不在于金钱的堆积，而在于精神的高贵。愿每个聪明的男女，都在简约的装饰中找到简单的生活方式，筛选繁复，过滤虚荣和浮躁，沉淀下金子般闪光的品格。这品格，不仅可以抵挡物欲横流里的盲从，还能改变灵魂里的杂念和庸碌，让自己更加凝神聚力，为了更值得的目标去享受奋斗的过程。

成长砝码

包是我们的常用物品，要学会挑选和打理。明智的人懂得删繁就简，对待包亦是如此。过重的负担会让整个人看上去很疲惫，而善于精简则让一个人轻装上阵。聪明人背小包，选择精致的包，并定期整理包里的物品。对于包的选择，不一定奢侈品才是最好的。个性化的包有时候更能体现一个人独特的品位。不同的场合要搭配不同的包，所以准备几个包是有必要的：正装包、休闲包、运动背包、电脑包、文件包等。让精致美丽的包为生活增添更多的亮色。

Chapter 8

第八章

精明社交，亲和的你广受欢迎

朋友是淘来的

朋友是淘出来的，优秀的朋友给人更多的正能量。莞尔是冲劲极强的女孩，一口气读到博士后，在学界风生水起，从家乡的一所普通高校到了北京一所著名的财经院校，年纪轻轻已经评了副教授。每次与她见面，我都能得到很多新消息，而我们也会探讨很多财经热点和历史哲学，合作申报了国家课题，共同研究一些前沿的学术问题。

朋友的质量，有时候直接影响生活的质量，甚至人生的高度。诸葛亮识人有七法：一曰，问之以是非而观其志；二曰，穷之以辞辩而观其变；三曰，咨之以计谋而观其识；四曰，告之以祸难而观其勇；五曰，醉之以酒而观其性；六曰，临之以利而观其廉；七曰，期之以事而观其信。

有个经典的“六人定律”，是指你想联系任何一个人，只要通过6个人就可以。也有个说法，是一个人的财富能达到的高度，是常在身边的6个好友的平均财富值。其实何止是财富？职业发展、精神境界也是如此。毕竟，“与善人居，如入芝兰之室，久而不闻其香，即与之化矣”。

大学的好友从法国回来，我们相约，回想起很多过去的同学，说说各自的发展和动向，感慨良多。学生时代，总是热热闹闹，呼朋引伴。而工作后，很多朋友渐渐不联系了，时间一久，再联系反而显得突兀，关系就更淡了。又过了几年，有的同学甚至连名字都不记得了。仍记得毕业季，那些喝得酩酊大醉的告别之夜，那些KTV里五味杂陈的嘶吼与痛哭，那些送到车站一遍遍泪如雨下的情节。故事在离开校园的时候画上了句号，我们背起行囊，走向下一个人生的战场。

同学情、战友情、老乡情，这些情感最让人难忘，也最能凝聚游子的心。而在走走停停的人生旅途里，很多人来了又去，聚了又散。也许在当时的一段时间，是甜到腻的友谊，而时过境迁，大家就各奔东西了。

直到工作数年我才明白，很多朋友已经不似当初，特别是一个初中闺密的事，让我彻底醒悟，朋友能长久，不在于形影不离，而在于三观一致。

这个女孩，初中的时候与我十分要好。我们几乎是一起行走在每个必经的场所，一起吃饭、学习，甚至一起上课外班……当时的我们彼此信任，分享内心的许多小秘密。毕业的时候，我们两个聚了一场又一场，直到分别的最后一天，第二天要去新的城市上大学，才真正告别，且是一步三回头。

后来，联系渐渐少了，但每次回到家乡，一定会找机会见面，平时也常常打电话，继续分享自己的经历和身边的故事。

我和她的疏远是从工作开始的。我和她的工作性质不同，她在银行做普通的柜员，后来是大堂经理。而我进入体制内，有很多话不便多说。渐渐地，在很多事情上我们产生了分歧，无论是消费观、成长观，还是对另一半的期许。

我关心很多时事政治，她关心的是哪家店上了新品慕斯；我选择周末充电，读书学习，写散文随笔，她则是跟身边的闺密聚会、自拍；我对未来的进阶和成长充满热情，希望另一半与我共同成长，她更关心谁能给自己买套别墅，买辆跑车，再买很多名牌包……越来越多的意见分歧让我们渐行渐远。

直到后来，我们各自有了孩子，我对孩子的早教和成长有很多安排，她却疲于应付变动的工作和复杂的家庭关系，我们几乎失去了联系。又过了几年，她走出婚姻的围城，独自带着孩子，偶尔问我哪个幼儿班的外教口音更加纯正。我已经难以与她沟通更多。

现在，我们的交流仅存在于微信，而且是逢节假日问候一声，再无更多的交谈。曾经的亲密无间不知不觉消逝在时光长河里。尽管留下的是美好的记忆，却再难成为精神知己。

南朝文学家江淹在伤悼友人袁炳的《伤友人赋》序言中写道："仆之神交者，尝有陈留之袁炳焉。"意思是，能够与我在精神交流中达到共鸣的人，唯有袁炳一人。西晋虞溥曾写下《江表传》："孤与子瑜，可谓神交，非外言所闲也。"元代刘南金有诗云："十载神交未相识，卧淹幽谷恨羁穷。"

精神交流在朋友交往中至关重要，而这建立在共同的思想水平、认知能力和知识素养的基础上。

我与另一位朋友，大学毕业后的数年间，只见过两三面，但每次见面都会感觉无比亲切。平日里，在社交工具上，我们也经常交流，因为精神的共鸣，让心灵的距离缩短，这份友谊至今让我珍惜。

一位著名作家说："朋友是磁石吸来的铁片儿、钉子、螺丝帽和小别针。只要愿意，从俗世上的任何尘土里都能吸来。"有些感情，不求自来；有些关系，越用力维系却越是吃力。友谊固然需要经营，但太费力的交往，常常是不必要的。因为有些朋友，走着走着就散了。散自有其原因，或是因为一方的步伐停滞，或是因为双方的价值观产生差异，或是因为彼此都离对方的世界越来越远。

经过大浪淘沙留下来的君子之交，也许淡如清茶，也许浓似醇酒，在岁月的发酵中，愈加珍贵。它滋养我们的心田，让风尘仆仆的人生之路不再孤单。滋养心灵的友谊如同一场心灵 SPA，让困倦已久的灵魂得到放松和舒展；又如加油站，让奔波在路上的人们感受到力量。良师诤友如指路明灯，能让前行的方向少一些弯路和波折，多一些睿智和通达。

成长砝码

在人生旅途中，朋友来来往往，在岁月中逐渐显现出各自的特点。用心维护友情固然重要，学会淘选和过滤朋友也有必要。因为朋友的思想、习惯、处世方式会对我们产生巨大的影响。学会与不靠谱的人"割席断交"，净化并简化自己的交友圈。有时候，只有经过一些事，才能更清楚地了解一个人。

让朋友圈充满正能量，在交流中彼此促进。睿智的朋友还可以帮我们更好地分析和判断问题，少走弯路。与优秀的朋友同行，借诤友的建议修正自己的缺点，在镜鉴下，在相互监督中，成长为更优秀的人。

提前预约，尊重他人的时间

都说德国人守时，开会和约会，总是精准到分秒。其实无论哪个国家，无论对什么人，守时都是最基本的道德品质。即使是再亲密的朋友，也要遵守基本的交往规则。

韩艺总是迟到，这让身为好友的陶婕非常恼火。两个人数次相约，韩艺每次必迟到半个小时以上。虽然两人是无话不谈的闺密，但韩艺的任性还是破坏了彼此的亲密关系。最终，陶婕不再包容这个缺点，选择和韩艺分道扬镳。

云姜是刚入职不久的员工。一天，部门领导跟她说，下午5点半在单位附近的茶馆，一起约见一个客户。这天，云姜的工作任务非常繁重。眼看临近5点了，她手头的工作还没有做完。她果断地进行安排，匆匆赶到茶馆，到达门口的时候，看了下时间，是5点27分。如约踏进大门，她才长舒了一口气。

领导因为这件事，对她产生非常好的印象。不出所料，云姜的事业蒸蒸日上，不到5年的时间，从助理升到部门主管。有一次闲谈的场合，领导提起云姜的守时，赞不绝口。

不仅在职场上守时，云姜对好友的约定也非常重视。她每次都提前计划，预留出机动灵活的时间，哪怕早到多等一会儿，也绝不迟到1分钟。久而久之，信守承诺成了良好的习惯，她的靠谱也为自己赢得越来越多的朋友。

守时是一个人对约定的重视。珍惜别人的时间，也是珍惜自己的时间。可靠的人一定是守时的，对时间井井有条的安排，体现出一个人的自律与进取。经常迟到的人，往往很随意，而且会因为随意而消耗信任。如果不按照约定，又不提前说，往往会浪费别人的时间，给人留下不讲原则、缺乏契约意识的印象，路途也难以越走越宽。

张楚楚开会的时候，总是不提前到，比如开会的时间在9点，她总是分毫不差地到会议室。而每次她都是最后一个到达，进入会场的时候，其他人都已经就座。

“我并没有迟到啊。”她跟上级领导交流时，流露出不解。

“不是按时到就没有问题，而是要提前5分钟到10分钟。”领导真诚地提醒她，“你留心观察一下，每次会议，另外两个员工，小高和小孙，都不会在大家到了之后才来。你要注意一下，至少跟他们一起到。不要让领导和其他人都等你。”

张楚楚这才恍然大悟，原来不是准时就没有问题，在职场上，提前5分钟往往会给自己更多的主动权。

与张楚楚不同，苗臻则过于看重时间，每次都会在约定前半小时到达。有次约了导师，交流论文的开题，约定的时间是上午10点。苗臻9点半就到了，徘徊在导师的办公室门口。导师正在和另一个学生交流，只得让苗臻在门外等候。苗臻就这样等了半个小时。

面谈的时候，导师跟苗臻解释：“约10点，是因为我前面还有个安排，时间是算好的。下次还是按约定的时间来吧。”

无独有偶，有次领导跟苗臻约好下午4点来办公室谈事。苗臻又是过于重视，在3点的时候就做好充分的准备。她敲了领导的门，发现领导正在和一个其他部门的领导交流。“小苗，不是说4点吗？你怎么这么早就来了？”

“领导，我，我以为您约了下午，就是有时间的。”

“哦，你先等会儿吧。我这边还有事情。”

苗臻感到一丝尴尬。事后她反思，也许提前太多，也不符合交往规则。尊重约定，尊重他人的时间，不仅意味着不能迟到，也意味着按约执行，比约定时间提前5分钟到10分钟即可。过早也没有意义，反而会打乱他人的安排，也浪费了自己的时间。

欧洲人和美国人大多有预约的习惯。无论是见导师，还是到医院就诊，都要提前约时间。在国内，一些大城市的医院，也要预约挂号。不仅如此，办公会议、私人见面，生活里充满了约定和对时间的遵守。只有合理安排时间，提前做好充分的准备，才能从容不迫，赢得他人的信任和尊重。

成长砝码

对时间尊重，就是对他人尊重。信守承诺，对于维护自身信誉十分重要。建立信任很难，打破信任却很容易。一次闪失就可能让前期积累的好口碑归零。无论对陌生人还是对朋友都要守时，即使是关系亲密的朋友，也不能滥用这份信任，要努力珍惜并尽力呵护友谊。提前太多或拖后太久都不妥当，最好的方式是提前5分钟到10分钟。尽量避免迟到，如果有特殊情况实在无法准时到达，应当提前及时通知朋友，让对方有心理准备。善用手机的日历、任务清单、备忘录、计时器等工具，帮助自己更好地遵守时间。

热心慷慨，不带功利目的交友

美国著名作家阿尔伯特·哈伯德曾说：“聪明人都明白这样一个道理，帮助自己的唯一方法，就是主动地去帮助别人。”

一头驴子和一匹马，各自背着一大包盐，沿着山路走去。太阳像一个火球，那头可怜的驴子背着盐包，整整走了一天，累得很。它对马说：“我想把背上的盐分一些给你背。我实在走不动了，恐怕就要倒下了。帮帮我吧。”

“我不愿意。”马摇摇头回答，“我们的主人很明白，你我各有多少重量好背。”

那头可怜的驴子不再说什么，咬着牙继续走下去。可它还没有走到那座小山的山顶，就倒在地上死了。主人走上前，把那个大盐包从它的背上卸下来，全都放在了马背上。

现在马背着两个大盐包，艰难地走着没有走完的路程，它一步比一步吃力，后背好像要折断一般。它边走边想：刚才还不如帮一下驴子呢……

常言道：“帮人即是帮己。”故事中的马如果一开始就愿意帮助驴子，那么驴子也不会死，而马后来也不用背负双份的重量。很多时候帮助他人，实际上也是在帮我们自己。然而，在生活中有很多人像故事中的马一样，被眼前的利益蒙蔽了双眼，总认为帮助他人是一件毫无利益可言的事，抱着“各人自扫门前雪，休管他人瓦上霜”的心态，笑看他人在困境中的种种窘态。更有甚者，甚至扮演起

“痛打落水狗”“落井下石”的角色，做事如此决绝和自私，一旦自己陷入困境，又如何能得到他人的帮助呢？

投我以桃，报之以李，有时在无意中帮助别人，可以得到意外的收获。鲁宣公二年（公元前 607 年），宣子在首阳山打猎，住在翳桑。他看见一人非常饥饿，就去询问他的情况。那人说道：“我已经 3 天没吃东西了。”宣子就将食物送给他吃，但他却留下一半。宣子问他为什么，他说：“我离家已经 3 年，不知道家中的老母亲是否还活着。现在离家很近，请让我把留下的食物送给她。”宣子让他把食物吃完，另外为他准备了一篮子饭和肉。后来，灵辄做了晋灵公的武士。一次，晋灵公想杀宣子，灵辄在搏杀中反过来抵挡晋灵公的手下，使宣子得以脱险。宣子问他为何这样做，他回答道：“我就是在翳桑的那个饿汉。”宣子再问他的姓名和住址时，他不告而退。

心理学上有一种“回报效应”，即为他人着想，他人也会为自己着想。凡事如果太斤斤计较，不留余地给别人，那别人也会对自己斤斤计较、不留余地。

三国时期的刘备在读私塾时，就非常讲义气，经常帮助同学。后来尽管大家各奔东西，刘备还与同学保持着联系。其中有一个叫石全的朋友，为人真诚，但家中很贫苦。刘备不嫌石全家贫，经常邀请石全到自己家做客，谈论天下局势。后来，刘备与群雄争夺天下时，在一次战役中兵败，受到敌人的追杀，是朋友石全冒着生命危险将刘备藏起来，救了刘备一命。

在现实中，很多人都喜欢索取，总希望别人为自己做点什么，甚至认为别人为自己所做的是理所当然的。但对于给予者来说却恰恰相反，他们把为别人着想、愿为他人付出作为自己义不容辞的事，并将这当成一种生活习惯。

助人是快乐之本。帮助他人、主动付出，不仅是为他人燃灯，也能照亮自己的路。不带功利目的交友，与人为善而不谋求回报，路自会越走越宽。

成长砝码

帮助别人，不以对方有所回报为目的。每个人都有难处，在他人遇到困难的时候，不抱着看客的心态，而是主动施以援手，也许对他人就是雪中送炭。与“各人自扫门前雪”的生活态度相比，慷慨助人更为难得。而在很多情况下，帮人就是帮己。别人如何对待我们，常常是我们如何待人的反馈。做个热心人，常怀一颗与人为善的心，多为别人考虑，自然会为自己搭建起更多友谊的桥梁。乐于助人的人，通常内心也是快乐的。在美好友谊的帮助下，我们的路也会越走越顺心。

拓展自己的朋友圈

储佳佳和吕青是同事，两人在一个办公室。相处久了，吕青发现，储佳佳的朋友很多，分布在各个行业，而且各个年龄段都有。吕青则只有自己的同学圈子，以及工作中能接触到的很小范围的人。吕青非常好奇，储佳佳的朋友都是如何交来的。为何自己的朋友一直都是昔日的同学或日常交往的同龄人，而储佳佳却能朋友遍天下。

她找储佳佳请教。储佳佳细数自己的几位“贵人”朋友是如何结识的。

第一位，是一个著名作家。因为储佳佳有写作的爱好，所以她经常给杂志社投稿。在投稿的过程中，一位作家主动加她为好友，并与她交谈。经过微信交流，储佳佳才了解到，这个作家非常有名，而且喜欢提携年轻人。

第二位，是一个党政机关领导。储佳佳是在一个培训班中认识他的。这位领导职级较高，起初与储佳佳没有联络。直到有一天，这位领导因故缺席培训班课程，在班级群中求助课件，储佳佳刚好有完整的课件和笔记，就给这位领导传送过去，于是两人有了更多的交流。

第三位，是一个大学教授。储佳佳认识他，也是在一次培训课程中。课程间歇，她主动请教问题，并留下教授的联系方式。在后来的交流中，储佳佳也展现出自己的能力和素养，给教授留下良好的印象。

第四位，是一个成功的企业家。储佳佳在一次跟领导出席酒会的场合认识他，并互留了联系方式。

第五位，是一个三甲医院的外科医生。在一次旅游过程中，储佳佳和男友正好与之同坐一条船，几个人攀谈起来，对彼此有了更多的了解。

还有其他人，不一而足。储佳佳的这些朋友来自各行各业，有着不同的经历，也拥有不同的社会资源。善于经营朋友圈的她，在节假日，总是温馨地送上祝福，在有些场合也会向朋友求助，征求他们的意见。而自己有了进步和发展，也时常和这些朋友们分享。

有空的时候，或者到访某个城市的时候，她会主动邀请这些朋友小聚。这些朋友也会带上自己的好友，渐渐地，朋友圈就扩展了。

储佳佳会定期整理自己的联系人列表，将微信联系人进行分组。分组的好处是，让更多陌生的朋友迅速进入自己的好友划定范畴，从而便于记忆和管理。

久而久之，这些朋友稳固地留在她的圈子中，成为她的臂膀和支撑。

她还善于将朋友的朋友变成自己的朋友。饭局中，她会主动起身敬酒，留下每个人的联系方式，加微信，并主动发送自己的电话号码请对方惠存。通过观察朋友圈，她逐渐筛选出一些值得交往的朋友。

吕青恍然大悟，原来朋友就像涟漪，一次交往常常会带来意想不到的收获。而选择靠谱的朋友，他们的朋友也多是靠谱的，这样一圈圈的涟漪扩散开来，自然就有了越来越广的圈子。

类似地，我一位做销售的朋友也跟我分享过他的“交友经”。在很多场合，留下名片后，他都会给这位联系人发送一条问候信息，并定期进行名片管理，用手机应用将名片扫描至电脑，进行分类和存储。有了微信后，很多朋友更多地在朋友圈中展示自己的生活点滴，他会根据每个朋友的个性和爱好进行管理，见面时带上小礼物，节假日发送问候信息，定期邀约见面茶叙，在生活中用心巩固友谊，并尽可能地抓住更多认识新朋友的机会，拓展交际圈。

虽然人们常说：“人生得一知己足矣。”但是，在这个多元的社会中，拥有来自各行各业的优质朋友也是必要的。我的一位好友，在跟随领导应酬的场合中不知不觉结识了商界和政界的一些名流，在装修新家的过程中，就由一位商界的朋友介绍了一个家具厂商，以优惠的价格定制了整套家具。而另一位朋友，因为有医学界的好友，怀孕产子期间，很快就找到优质的医疗资源，少了很多坎坷。

此外，同学关系也是一笔宝贵的财富。校园中的友谊较为纯粹，没有功利色彩。工作之后，各个时期的同学散落在各处，在不同的领域拼搏。同学聚会时，那些比我们先成功的人很有可能成为我们事业发展的贵人。

其实，友谊拓展不难，但若要维系得长久，相互之间的互惠和互助非常重要。天下没有免费的午餐，要想与更多优质的朋友长期交往，提升自己才是最重要的。有段话我非常喜欢：朋友愿意跟你相处的原因：第一，你能带给别人实用价值；第二，跟你相处能打开眼界；第三，你能倾听别人的想法并发表有价值的见解；第四，你能充分认可别人的价值；第五，你能带给对方愉快的心情。但凡遇事，知道的不要全说，看到的不要全信，听到的就地消化。久而久之，气场自成。

多为自己充电，提升自己的核心竞争力，让自己拥有更多的资源调配力和生活驾驭力，并且勇于担当，身边自然会有更多的朋友。正所谓："栽下梧桐树，引得凤凰来。"

成长砝码

交朋友不应局限在同学和身边的小圈子，而要扩大朋友圈，广泛交友。在认识新朋友的过程中，要学会主动与人交流。拓展交际圈的方式有很多种，比如朋友介绍、培训课程、应酬场合、旅行途中，留下联系方式，多了解，在交往过程中保持真诚，常联络。但与陌生人初期联系的时候，要有所保留，不要过多谈论自己的隐私，提高警惕性，避免让自己陷入被动。要维系友谊，更重要的是提升自己的品格和能力，为朋友提供更多思想或资源的分享，从而拥有更长久优质的友谊。

朋友交往也有界限

子曰："不得其人而言，谓之失言。"人与人的交情有深有浅，深者无所不谈，但交情不深的朋友不必说得过多，否则容易失言。正如俗话所说："逢人只说三分话，不可全抛一片心。"

战国时期，有一个叫服子的人，才高八斗，远近闻名。有一次，他的朋友冯忌向他推荐一个人，服子见了那个人之后，告诉冯忌："你给我介绍的那位朋友很不好。"冯忌连忙询问原因。服子说："首先，他见我就笑，这是轻慢，说明他为人不够严谨；其次，谈论道理时不称颂自己的老师，这是背叛，说明他不懂礼仪；最后，他交浅言深，这是惑乱，这样的人肯定会祸从口出。我劝你早点远离他。"冯忌慨然应允。

交浅言深是一种禁忌。与自己不熟悉的朋友交谈时，多谈些见闻趣事，多交流些被大众知晓的话题，少谈涉及自身的话题，这样较为妥当。

即使是对于熟识的朋友而言，无论是分享快乐还是分担忧愁也都有界限，有些事可以分享，但也要有所保留，有所顾忌。

卢颖和知己聊天，谈到自己的近况，不由自主地流露出一种自得与惬意，且发了些爱人和孩子的照片给好友。出乎意料地，好友回了一句："再秀恩爱我就要拉黑你了。"

卢颖当时很错愕。她感到惊讶的同时，也有些懊恼。事后回想起来，可能好友正心情不好，或者有其他难言之隐。也难怪，对方没有结婚，与男朋友分隔两地，候鸟式的爱情，每年见面的时间不超过一个月。在这种状况下，卢颖表现自己的幸福，很可能让好友产生抵触情绪。

施瑶经常烦请一位学弟帮她邮寄一份报纸，因为这份报纸不易买到，施瑶的单位没有订购，而时常有发表的文章和想收藏的内容，需要保留纸质版。学弟每次都给施瑶邮寄，且都是寄付。唯有一次，学弟选择了到付。施瑶在寒冬等着收到快递，又要付邮寄费用，心中的不满一下子涌了上来。后来施瑶再给这位学弟邮寄一本书时，也选择了到付，而学弟收到快件怒火中烧，在微信中言辞激烈，表达不满。施瑶也与之争吵起来。后来双方情绪都平静了些，施瑶发了一个红包给学弟，方才缓解了冲突。

平静下来回想，尽管学弟很热心，每次都帮施瑶收集报纸并邮寄，但这不意味着施瑶可以什么都不付出而一次次地提出要求。一次或两次可以，如果频繁地提出要求，再好的朋友也会产生不满。而学弟之所以给她发了一个到付快递，也是因为长久以来施瑶将他的慷慨相助视为理所应当，长此以往，令这位学弟产生逆反情绪。

心理学家曾经这样分析人与人相处的距离："人与人之间受到的教育、环境、习惯不同，每个人的想法、意见、观点也不同。如果人们能保持一定的距离，这些不同会被距离所忽略，就像小小的误差在普通的计算中能被忽略一样。相反地，如果人们太过紧密，这些不同之处便会像精确计算的小数点后面的诸多数字一样，一一呈现在人们面前，人们很难将其视为不存在。"

一块看上去完美无瑕的玉，如果用放大镜看，还是能看到它的瑕疵，于是，我们会认为"玉石"也不像想象中那样完美无瑕：一幅看似风景秀丽的油画，走近后再看，就会发现再美的画也不过是色彩的堆砌，于是我们心中会发出"不过如此"的慨叹；一个远观美貌有气质的女孩，如果与其近距离接触，还是会发现她脸上有少许的斑点，于是我们会觉得她也不像想象中那么清新明丽；一个被视为常胜将军的顶级运动健将，如果崇拜他而观看他的每一场比赛，我们会发现原来他也有发挥不好的时候，于是对他神话般的奇迹，也会产生几分怀疑。

与闺中密友相处，不能把对方理想化。每个人都有独立的人格，要学会尊重别人。闺密相处，也许有几个原则可以借鉴：

1. 诉苦有度。年轻人在与朋友相处时很喜欢诉苦，比如今天穿了一双新鞋把脚磨破了，家中的宠物受伤，网购买到的东西不合心意等，任何事情都能成为诉苦埋怨的对象。尽管对方是自己的闺中密友，尽管对方摆出一副倾听的模样，但还是要注意，诉苦的话一定要尽量控制。每个人的包容力都是有限的，如果我们只把对方当成倾倒感情垃圾的垃圾桶，迟早会失去这个朋友。

2. 主动付出。朋友之间的交往不能是单方面的付出，而应有来有往。如果朋友有困难更应该及时伸出援手，绝不能冷漠旁观或者只是说说却没有实际行动。我们的热情和诚挚总有一天会得到回报。另外，在帮助朋友的时候，不要总是念叨自己曾经给对方的帮助，这会让人有一种强烈的被施舍感，会感到心里很压抑，也就不愿意和我们做朋友了。但是对于朋友的过分要求和超出自己能力范围的要求，则应该委婉地拒绝，不要因为不好意思开口就答应下来。

3. 保持平等。即使是再好的朋友，也要注意在彼此的关系中保持平等和适当的距离。端正心态，在处于被人羡慕的地位时，要低调，不炫耀。如果在朋友面前摆出一副高高在上的姿态，必然会让朋友和自己变得疏远，久而久之这段感情就会越来越淡。绝不对朋友提出过分的要求，不将对方的所作所为视为理所当然。知恩图报虽然说出来感觉有点生分，但领受了别人的好意却没有任何表示的人，是很难维系好一段友情的。

4. 绝不越线。要独立处理情感生活，在爱情基础尚未稳固前，即使最亲密的朋友，也不要拉着一起去见那个还未明确关系的恋人。不要试探爱，也不要贪图胜利的感觉。闺密的关系再好，也不能介入对方的感情。当好友的婚姻出现矛盾甚至亮起红灯时，可以做一个倾听者，而不可自告奋勇，介入其中。很多人喜欢打探别人的隐私，也许是出于好意，但很难把握分寸。清官难断家务事，婚姻中的是是非非，不足为外人道，除非是原则性的问题，否则第三个人“帮忙”只会越帮越忙。

再要好的朋友也有界限，而交友的底线，常常是相通的。有来有往，才能常来常往。没有只进不出的友情，与欠人情分相比，在友情的存折中多投入、储蓄，才能赢得更长久的友谊。多付出，少索取，厚道为人，慷慨处事，做到心中有数。在人际交往中有防人之心和戒备之心，留下一些隐私和权限给自己。行走在朋友圈中，做一个靠谱又有分寸的人，自会吸引更多优秀的朋友。

成长砝码

人际交往到八分熟最好。交情不到，话不多说，多谈论共同感兴趣的话题，不谈家中事，少谈个人事，要有所保留。即使是交情深的朋友，也要有界限，不可触碰朋友的隐私，也不能只沉浸在分享自己的喜怒哀乐中而忽视朋友的感受。表达观点和分享见解要有分寸，不能因为对方与自己熟识就毫无顾忌。对待朋友应当慷慨，注重礼尚往来，不可一味索取而不付出。对朋友多关心，给予更多体贴和温暖，少些抱怨和火气，让闺密之情为我们带来更多心灵的滋养。

乍见之欢与久处之乐同样重要

刚入职的时候，每个人都加入了部门的群聊。群聊的内容，很多时候是新闻发布，比如会议通知和部门领导分享的文章，但也有些时候是同事闲聊。在闲聊中，有些同事有心，多加注意，不表露太多看法，而有些人则心直口快，将个人喜好袒露在大家的视线中。

有次工作期间，唐仪在部门微信群中将自己完成的任务汇报给领导，并点了@键。有位工作经验较为丰富的姐姐私下提醒她，群聊是公共空间，在群里，该表态和点赞的时候不能缺席，但对于工作任务，单独汇报即可，不要在群里说。唐仪这才明白，微信群是公共空间，很多话不要在群里说，私信较为妥当。

何止是群聊，微信作为一种社交工具，也是公共空间，朋友圈的分享与推送，同样是将自己暴露在公众的视野中。如今的朋友圈，已经不再是几个人的小范围，而是拓展到社交领域。如果在实体空间我们尚且有所顾忌，那么在虚拟空间，又怎能轻易将自己的隐私置于众目睽睽之下呢?

现在的微信群越来越多。几乎每次相聚，大大小小的会议、沙龙，都会组建一些群。而微信群的作用也各不相同。有的群是为一个项目或一项工作建立的，工作完成后就会失去效用，被群主解散。而有的群，则是长期联系的纽带。

微信群的另一个功能，是汇集好友资源。有一个朋友，喜欢组织聚会，并且每次都会将此次聚餐的朋友加入一个微信群中。参加聚会的朋友，每次都能通过吃饭聊天认识新面孔，并将群友变为好友。久而久之，这个组织聚会的朋友越来越受欢迎，而围绕在他身边的朋友也因为聚会认识了更多业内达人和业外贤人。

如何巧用微信群，让微信群充分发挥友谊纽带的作用？

翻开自己的微信，积累的群聊有数十个。很多微信群成了僵尸群，在组织活动、安排任务之后再无用处。对于这样的微信群，果断退群并删除。至于潜水时间太久的微信群，若是行业内的，尚有些精彩内容分享的，姑且保留。而又有些微信群，虽然没有太多资讯，却是好友聚集之地，也不可退群。另外陌生人的群，若是有需要的，如业主群、校友群，还可以保留。其余没有用处的，则没必要保留。

开始整理自己的微信联系人，把知己、好友分组，把陌生人进行隔离，并将不同圈子的朋友设置分组标签。这样精简下来，再有选择地进行问候。

网络拓展的人脉要落地生根。也许很多朋友也有相似的感受，网友如果只停留在网上，那就不能称之为好友。只有从线上转到线下，见面，有真实的接触，才能建立真正意义上的友谊。对于微信群中的好友也是如此。即使是单位部门群的好友，加了好友之后，也要在现实中多接触才能了解彼此，形成一种社会关系。

乍见之欢与久处之乐同样重要。无论与亲人还是朋友，若能相处到这种程度，那么人际指数就能到达最高点。有人初次见面时，给人留下非常好的第一印象，但随着交往的增多，很多缺点暴露出来，令人心生厌倦，让当初的好感荡然无存。这样就属于乍见之欢，缺乏久处之乐。而有些人，初次见面很难引起别人的注意，酒香也怕巷子深，人际交流的圈子就局限在长期相处的同学和同事中，仅限于那些有机会长久相处并真正了解自己的人，交际圈子很难拓展和延伸。

对于人际关系来说，乍见之欢如春耕——让人在短时间内喜欢自己；而久处之乐如夏耘——让别人接受自己。做到这两点，才能有秋收——让人需要自己，进而发展到冬藏——让人帮助自己。如果一个人做得到乍见之欢，却难以让人久处不厌，就应当尝试把更多的精力用来提升自己的素养，在与朋友相处的过程中多奉献和给予，经营和维护好朋友关系。如果只能做到久处之乐而缺乏乍见之欢的能力，可以尝试在初次见面时多聊几句，不要与人匆匆擦肩而过，或是仅停留在点头微笑，而要学会开口问候，驻足攀谈几句，聊些彼此感兴趣的话题，分享好物，谈谈最新的电影，找到一个简短又不深入的话题，简单交流。这种交流会让人认同自己，进而放松人际壁垒，逐渐接纳自己成为朋友。

有些朋友能接受打趣，而有些朋友不能。在与朋友的交流中，言谈要格外注意。就像在微信中，有人喜欢用风趣的表情，而有些人只能接受文字。“嗯”和“嗯嗯”就要视情况，对有些陌生或严肃的朋友，一个字更妥当。对熟悉的、年纪较小，或者生活中较为活泼的朋友，用“嗯嗯”或“谢谢啦”这样的话语则更亲切，能够迅速拉近彼此的距离。

成长砝码

在友谊中，不仅要做好自己，还要调适好与朋友之间的关系，维持好感度。在微信群扩大交往范围的基础上，学会将线上友谊落地生根，加强面对面的互动，培养感情。初次见面要争取给对方留下美好的印象，实现“乍见之欢”，而在长期的相处中，要做到善解人意，多付出、少索取，用可靠的品质和幽默的风格让朋友感觉如沐春风，实现“久处之乐”。在与熟识的朋友相处中，也不能乱开玩笑，根据朋友的特点选择合适的交流方式，让友谊在和睦相处中愈加稳固。

冷关系如何热处理

秦乔新添了二宝，随着工作和生活压力的增大，她与自己从前的好朋友渐渐失去了联系，而疏离让彼此之间更难找到共同话题，不知该从何说起。

随着孩子逐渐长大，她得以腾出更多的精力，开始思考人际交流，却发现自己曾经要好的朋友都已经很久不联系了。

她试着通过微信联络，有的回复了，有的则没有回复。

她约两个好友茶叙，惊喜的是，两个人都应允。

这一天，秦乔认真地梳洗打扮，穿上久违的粉色羽绒服、高跟靴，来到一家咖啡西餐厅，准备与两位好友喝下午茶。两位好友如约而至。三个姐妹畅谈起来，两个朋友看到她面色红润的样子，听她讲述家中趣事，非常欣喜。一壶茶，一个充满阳光的下午，三个人聊得很愉快。这久违的美好时光让秦乔感受到别样的幸福。

回到家，秦乔卸下妆容，敷了一个面膜，以更容光焕发的姿态面对家人，她的先生也感到如沐春风。

老友是人生的财富。友谊如酒，新酒固然清香，但若论甘醇，还是经过岁月沉淀的更美好。在时光的长河里，也许我们和昔日的朋友很久不联系，但这不意味着友谊的消失。如同电影《七月与安生》里的两个女主角，从儿时到成年，尽管有芥蒂，却难以抹去内心属于纯真年代的共同印记。身边的过客许许多多，在时光打磨后保留下来的朋友却少之又少，因此弥足珍贵。

如果一个朋友久未联系，如何唤醒沉睡的友谊？

在网络发达的今天，与朋友进行微信或短信联系是最为迅捷的方式。而联系方式如何要到？最好的方式是通过彼此共同的朋友打听，或者在微信群中找到这位朋友。既然是旧友，没有特别大的分歧或隔阂，总会有所回应。

但是，彼此的生活和世界分隔已久，共同话题一时间难以找到。尽管是好友，还要像新朋友一般小心翼翼，逐渐培养感情。

找到共同的话题是一种能力。曾有一位哲人说："如果你能和任何人连续谈10分钟并使对方感兴趣，那你就是交友的高手。"朋友间交流的契合点越多，彼此之间的话题就可能延续得更长，因此相知相惜的感觉也会更强烈。

其实，共同语言并非仅靠缘分和个性，也可以融入一些心思。比如多观察交流对象的个性、喜好、人生观，让对方感受到尊重和信任，进而更愿意敞开心扉。多些肯定与鼓励，少些反驳与排斥，有选择地架构彼此间的话题，规避一些雷区，这样就能为深入交流奠定良好的基础。

聊天中，还要选择更多有趣的话题，让交流更加和谐融洽，或者找到一些彼此共同关注的事件，这样就有更多交流的空间。发挥自己的能力，让对方注意并了解自己的个性、喜好和人生观。每个人都是独一无二的，阳光、大度、乐观、爱好广泛并富有生活情趣，自有吸引力和魅力。同时要调动对方的积极性，在相互尊重的前提下取长补短，求同存异。善于发掘朋友话语间的更多话题，而不是沉浸在自己的世界里自说自话。

在老友的世界里，话题还可以集中在对过去共同朋友的回忆里。某某近况如何，哪位同学添了小孩，谁的工作有什么进展，这都是可以聊的话题。唤醒这些泛黄照片式的记忆，友谊的温情也会逐渐苏醒。

但是，根据我个人的经验，尽管有些老朋友可以在短暂的聊天中找到当年的感觉，但因为彼此相隔太远，缺少交集，若不能时常交流，关系还是难免疏远。如果真的特别在意和珍惜，则更好的方式是相约见面，有线下交流。如果很吃力也并没有太多意愿，可以让这份友谊随时光隐去，不必强求。

相识已久的朋友，若是彼此都珍惜这份情谊，不需要刻意而为，也可以很快相互吸引。太用力的关系，终究是一场灾难。人生在世，短短几十年，不必总是为了失去的友谊扼腕叹息，而更应珍视眼前人，用心维护身边的关系。

昔日的朋友，意味着记忆、情感，也是财富。疏远的关系，渐渐温锅，也可以逐渐变热，不要在前行中忽视昔日的朋友，或者树敌太多而引起朋友的看法。但是也不需要刻意地为了维护友谊而放弃自己的生活，该前行还是要全力以赴。真正的朋友，在身边的时候会为我们的成就而鼓掌，在艰难的时刻会向我们伸出援手，在冰天雪地为我们送上火炭。若是因为时间变质，或者因朋友一方的变化而让友谊难以维系，则不需要用力去扭转。很多人，很多事，缘深缘浅皆有因果。做好自己，让老友感受到关怀和温暖，尽力而为，就足够了。

成长砝码

独行快，众行远。不要因为忙碌而疏远了朋友，多一句问候，多一点交流，让友谊之树常青。若因为久不联系而暂时搁置了友谊，则要寻找合适的方式维系起来，比如电话联系、微信交流、语音视频等，或者找合适的时间相约见面。如果太久不联系，在重新建立联系后，要循序渐进，用小火慢炖式的方法，多寻找共同的话题，唤醒沉睡的友谊。太吃力的关系不需要太费力，有缘则聚，若彼此都觉得刻意和尴尬，则不如让这段友谊珍藏在时光宝匣里，成为美好的记忆。

Chapter 9

第九章

精简情感，忠诚的你拥有幸福

当真爱来敲门，我们如何把握幸福

泰戈尔说："在玫瑰花充裕的光阴里，爱情是酒；在花瓣凋谢的时候，爱情是饥饿时的粮食。"人生需要爱情。

那么，当我们爱上一个人的时候，应该怎样说出"我爱你"呢？

一位女士在一个鸡尾酒晚会上认识了一位男士，她欣赏这位男士的潇洒大方，并且从朋友那里得知他还没有女朋友，再看他开来的车和他的装束，感觉他的经济条件应该不错。想接近他，更多地了解他，给他留下一个好印象，该如何开口呢？

在这样的男士周围，应该有不少女子，因此要博得他的好感，就必须表现得不卑不亢。如果要先开口，又想以稳取胜，可以借助他人之口表达敬慕。比如，可以说："听朋友说您有风度，以前是只闻其名，今天看来的确如此。"这样的开场白不仅暗示了对他有兴趣，而且能引起他的注意。最重要的是，这种方式在带来机会的同时能使人掌握主动权。婉转的方式，在表达自己心里话的同时，又不会招致别人误会。这犹如一把适度的尺子，能保持异性之间应有的距离。它能使人犹如置身纱窗之外，让对方领悟到你的意图，但又不至于太直白，使自己处于尴尬或无路可退的境地。

很多人求爱会采取投石问路的方式，因为每个人都害怕遭到拒绝。梁实秋求爱就是用了一个双关语对韩菁清进行了成功的试探。

梁实秋垂暮之年梅开二度，爱上了比他小30岁的韩菁清。一天，他们在台北梅园餐厅共餐。梁实秋点了“当归蒸鳗鱼”。韩小姐关切地说：“当归味苦啊！”梁先生若有所思地说：“我这是自讨苦吃。”韩小姐笑道：“那我就是自投罗网！”两人相视哈哈大笑，心有灵犀一点通。

如果害怕被拒绝，但心情又躁动不安，急切地盼望对方知道自己的心意，那么可以借鉴陀思妥耶夫斯基的方法，实话虚说，借机抒情。

1866年，对陀思妥耶夫斯基而言是具有重要意义的一年。妻子玛丽亚和他的哥哥相继病逝。为了还债，他为赶写小说《赌徒》请了一个速记员，她叫安娜·格利戈里耶夫娜，一个年仅20岁，性情异常善良、聪明活泼的女孩。

安娜非常崇拜陀思妥耶夫斯基，她工作认真，一丝不苟。书稿《赌徒》完成后，作家已经爱上他的速记员，但不知道安娜是否愿意做他的妻子，便把安娜请到他的工作室，对安娜说：“我又在构思一部小说。”“是一部有趣的小说吗？”她问。“是的。只是小说的结尾部分还没有安排好，一个年轻姑娘的心理活动我把握不准，现在只能求助于你。”他见安娜在听，继续说：“小说的主人公是个艺术家，他已经不年轻了……”

安娜忍不住打断他的话：“你为什么折磨你的主人公呢？”

“看来你好像同情他？”作家问安娜。

“我非常同情，他有一颗善良的心，充满爱的心。他遭遇不幸，依然渴望爱情，热切期望获得幸福。”安娜有些激动。

陀思妥耶夫斯基接着说：“用作者的话说，主人公遇到的姑娘，温柔、聪明、善良，通情达理，算不上美人，但也相当不错。我很喜欢她。但很难结合，因为两人性格、年龄相差悬殊。年轻的姑娘会爱上艺术家吗？我请你帮忙，听听你的意见。”作家征求安娜的意见。

“怎么不可能？如果两人情投意合，她为什么不能爱艺术家？难道只有相貌和财富才值得去爱吗？只要她真正爱他，她就是幸福的人，而且永远不会后悔。”

“你真的相信，她会爱他？而且爱一辈子？”作家有些激动，又有点犹豫不决，声音颤抖着，显得既窘迫又痛苦。

安娜怔住了，终于明白他们不仅仅是在谈文学，而且是在构思一个爱情绝唱的序曲。安娜小姐的真实心理正如她自己所言，她非常同情主人公，即作家陀思妥耶夫斯基的遭遇，而且真心地爱慕这位伟大的作家。如果模棱两可地回答作家的话，对他的自尊和高傲将是可怕的打击，于是安娜激动地告诉作家：“我将回答，我爱你，并且会爱一辈子。”

后来，陀思妥耶夫斯基和安娜结为伉俪。

在不确定对方心意的情况下，采用实话虚说的技巧，既能摸清对方的心思，又能避免遭到拒绝时的尴尬，这不失为一个好方法。

马克思有一次约燕妮在一条小河边见面。燕妮先到了约会地点，马克思没按时赴约，燕妮在河边徘徊，期盼着他的到来，却久等不至。一直等到傍晚，晚霞把天空织成发光的锦缎，血红的夕阳给群山和河水蒙上粉色的绸纱，天空渐渐降下黑色的帷幕，就在这黑夜即将到来的时候，马克思才不慌不忙地向燕妮走来。看到燕妮的失落与沮丧，马克思说：“对不起，燕妮小姐，我与另一个姑娘约会去了，我俩谈得很投机，她舍不得让我走，因为我没有分身术所以来晚了。”燕妮听完此话气得转身要走，马克思一把将她拉住：“你见了我就像见了仇人似的，与我约会的那位姑娘，送给我一张照片，你不想看看她的模样再走吗？”说着把一个小木盒塞给燕妮，并给她轻轻打开盒盖。燕妮忍不住看了一眼，盒子里只有一面镜子，根本就没有照片。马克思把镜子对着燕妮，漂亮的燕妮出现在镜子里，聪明的她如梦初醒。

曾有一部电影叫作《独自等待》，讲的是对真爱要学会等待，在真爱来临前，修炼自己的定力、耐心、品格和学识，守住自己的一颗心。而当真爱来敲门，遇到心仪的那个人时，富有艺术的表白，则能迅速拉近两颗心的距离，让爱情燃烧出美丽的火花。

成长砝码

爱是需要表达的。有美好的开始，才有美好的过程。很多人不知道如何开口，不妨学习一些技巧，比如“我们约会吧”“不如我们试试在一起”，或者直接相约，在约会的过程中袒露心迹。表达爱情，一种妥当的方法是在有所保留的情况下投石问路，试探对方。如果得到肯定的答复，则迅速建立恋人关系；如果不成功，也不至于让两人觉得尴尬。一旦认定了一个人，忠诚和坦然是必要的，但也要保留自己的原则，在相处中彼此接纳与磨合，走向幸福美满。

每个人都是一个圆，两个圆相交才是爱情

刚参加工作的时候，同年新入职的戴睿和吴鹏都是单身。有不少人为他们介绍对象，于是每天中午的午餐时间，大家都会饶有兴致地听这两个同事讲述相亲故事。

戴睿非常忠诚，在交往一个女朋友的时候，会拒绝其他人再进行介绍。吴鹏则来者不拒，希望多见见，多几个选择，再慢慢了解。

关于戴睿的口碑逐渐传开了，消息也传到了与他新交往的女朋友耳中。吴鹏则抱着试试看的心态，对哪个女孩都蜻蜓点水，总担心陷得太深而失去更好的机会。1年下来，吴鹏见过的女孩不少，但深入交流的不多。戴睿经过一段时间的交往，认定了自己心仪的姑娘，如今已经进入婚姻的殿堂，并拥有了可爱的儿子。吴鹏依旧单身，心里想着可能会出现更好的姑娘，不愿在任何一段感情中倾情投入。

年少的时候，认为爱情是拥有，是形影不离的陪伴。等年长些才逐渐明白，再亲昵的关系，再甜腻的感情，也会随着生活的磨砺，逐渐驶向平淡的港湾。而当爱的迷雾散去，尊重会重新回归彼此的视野，从前的种种磨合与冲突，亲密与依偎，改变不了两个人各自的思想。

爱情是圆满的，也是孤独的。在孤独中寻找彼此的共同之处，在圆满中看清各自的闪光之处并将其发扬，改正不完美之处，这或许是促进爱情和成就彼此的最好状态。

在人生旅途中，爱情总是不期而遇。有意寻而求不得，无心插柳却有所获的故事比比皆是。爱情的到来有时候悄无声息，有时候轰轰烈烈，却很少带着刻意

的痕迹。如同走在一片麦田，找到一颗饱满的麦穗，就总想拥有，而一旦拥有，前方即使有更大的，也意味着要放弃了。贪婪，往往难以得到真爱。抱着唯一的信念和全身心的投入，方可感受到真爱的美好。

可惜世间有太多欲望，很多男女都在交往中不停止追逐，有的忍气吞声，有的一拍两散。

我观察过一些幸福的伴侣，往往在包容的基础上，对彼此格外忠诚，无论对与错，疾病与泰然，顺境与逆境，都不离不弃，始终坚守。而大多数的幸福婚姻，也都不是完美的，很多人都有过离婚的念头，甚至心理学有种说法，一对婚姻中的男女至少产生过 200 次想要离婚的念头。这都很正常。

什么是非离不可的事呢？婚姻中，大事很少，多的是鸡毛蒜皮的小事，而我们往往迈不过小事组成的沟沟坎坎。

有人曾经感叹，如果在一段关系中找不到平衡，当再开始一段关系时，若不能改变以往的相处方式，就仍然难以逾越交往不顺的坎坷。但是也有例外，有些伴侣确实性格不合，处世方式有分歧，或者一方对另一方极不尊重，存在人格的羞辱，那不如尽早结束。离开旧爱，未必过得不好。

爱情是盲目的。在恋爱的初期，很多缺点都会被掩盖，而随着时间逝去，两个人的激情渐渐消退，在平静和平淡中，往往会暴露出各自的缺点。在“晕轮效应”下没有发现的问题，这个阶段也逐渐浮现出来，于是争吵频频出现。

人非圣贤，且大多数的人所走的道路都差不多，到了合适的年纪，恋爱、结婚、生子。只要年龄合适，人品好，身心健康，具有较强的家庭责任感，就值得交往。既然开始交往，就更要尊重和包容，绝不轻言放弃。

虽说有规律，但爱情的模式不尽相同。每段恋情和婚姻，都有不同的开始和历程，幸福与否只有当事人自己知道，如人饮水，冷暖自知。若是用世俗的眼光来看待，很多爱情都是不长久的，可是长久的有时恰恰是那些不被世俗看好的。这样的例子不胜枚举。

爱情可以是因为崇拜，可以是惺惺相惜，可以出于依恋，可以依靠彼此欣赏。走到一起不容易，彼此尊重和珍惜，才能让幸福细水长流。

曾经我有一个朋友，在恋爱过程中，有新的追求者向她示好。她征求我的意见，我问她现在的男朋友有哪些优点。她说，忠诚、可靠、人品好，而新的追求者事业上更成功、更有钱。我给她的建议是，不要放弃身边的男朋友，因为忠诚是最大的优点，也是最珍贵的品质。

交往对象在精不在多。正如电影《爱情呼叫转移》中，男主角离婚后寻觅了各种女子，最终发现还是原配最好。往往我们忽视的，就是身边最熟悉的风景。那份被遗落的初心，恰恰是潜藏在岁月深处弥足珍贵的宝藏。

相爱，也给彼此空间；亲密，但不过分握紧手中沙。至亲至疏之间，感受爱情那一束明媚而隽永的微光，温暖岁月，润泽心灵。

成长砝码

爱情的圆满在于彼此尊重，只有做更好的自己，才能拥有更好的爱情。当难以找到心仪之人时，不妨先从反思和提升自己开始，是不是自己待人接物不够成熟？是不是与人相处不够包容，不懂得体贴和关心对方？人各有千秋，也总会遇到与自己惺惺相惜的人，在亲密关系中要充分信任对方，给予对方更多的空间，并且要相信自己，坚持自己的处世方式和习惯。在彼此了解中逐渐了解各自的性格、优点和缺点，判断哪些是能够接受的，哪些是无法达成共识的。求同存异，彼此包容，让美好的关系更长久地发展下去。如果真的出现分歧，也要耐心沟通，不轻易放弃。

热烈相爱，冷静结婚

小贾与相恋7年的女朋友分手了。

7年来，他们一直是异地恋。女方在北京，男方在家乡，虽然高铁距离只有两个小时，但因为各自工作忙，只能周末见面。身边很多人劝他们尽早了断，但两人是大学同学，感情基础深厚，最初也是如胶似漆，海誓山盟。

不是爱情抵不过时间和距离，如果没有婚姻，他们可能一直会坚持下去。相恋不易，谁愿意轻易放手？

最终分开他们的，是无法步入婚姻。女孩大学毕业7年，已经快30岁，家人催、朋友劝，而她性格温和，工作稳定，介绍对象的不少。男孩在地方的机关单位，不愿意放弃体制内的工作，年年考北京的机关单位，年年失意落榜，调动又无望。渐渐地，两个人也产生了倦怠。

最终，女孩先坚持不住，相亲结婚了。男孩失落、痛苦，因为给不了女孩婚姻与家庭而自责，却不愿让女孩为了所谓的爱的承诺而被耽误。

一段爱情可以长长久久，轰轰烈烈，在婚姻面前，却不得不面对现实。

婚姻是脚踏实地地过日子。父亲曾在我结婚前，跟我郑重地谈心。在婚姻里，要面对柴米油盐，要生儿育女，并对子女承担抚养和教育的责任。“等你进入婚姻就知道，爱情的花前月下都是短暂的，更多的是生活。”

爱情最初，常常伴随着感性、冲动。但当感情沉淀下来，我们要面对的是生活、事业、人际，是更多理性的因素。爱情可以有面包也有玫瑰，但只有玫瑰没有面包是不能长久的。

“有情饮水饱”就像望梅止渴的梅子。实实在在的物质生活，却是婚姻中的双方要共同面对的。

潘剑研究生毕业回京工作，女友舒琳去香港读博士，两个人异地4年。毕业后，舒琳回到北京，两个人的家长早年就在北京买下房子，他们顺理成章，结婚生子，美满幸福。

当房子的“丈母娘效应”成为一种现象，婚姻的现实性更凸显出来。特别是在大城市，因不具备硬件条件而不被父母祝福的婚姻比比皆是。

没有人结婚的时候会想着离婚，很多热烈的情感，都敌不过日复一日的琐碎。恋爱中包含着浓烈的情感，而婚姻更多的是承载着责任，需要共同经营。美满的婚姻往往属于那些懂得把握婚姻生活艺术的人。

爱是永不停歇的，什么是真正的爱？能够甘苦与共的夫妇，他们的爱就是一种不离不弃的感情。无论面前是顺境还是逆境，双方都会互相支持，共同面对。我们最想从婚姻中得到什么？如果是爱与被爱、关心与被关心，那我们就必须互相谦让、互相尊重。婚姻就像一座两人共同建立的花园，只有一起种植、培土、浇灌，才能培育出美丽的花朵。没有爱的付出与牺牲，只想获得永久的回报，是不可能的。

因为财产问题而纠缠不清的离婚官司屡见不鲜。结婚之前的财产，多少人碍于情面不愿公证，离婚时却都成了争执的焦点。

费冬买房用的是婚前财产，婚后因为一往情深，在房产证上加了女方的名字。不曾想，孩子两岁的时候，女方提出了离婚。分割房产就是伤筋动骨的大事。费冬找律师进行法律咨询，终于明白在婚姻里，不是凭着爱情的付出就可以万事大吉的。很多时候，婚姻需要冷静与理性，超越情感因素考虑很多具体的问题，如财产、子女教育、父母赡养、亲戚关系等。

恋爱的时候，只要两个人相处合适就可以。而婚姻包含着各种因素，是两个家庭的结合，在有孩子之后更加明显。很多年轻人生子的年龄，父母恰好是50多岁，还有余力照看第三代。而老人看孩子，会带来一系列的相处问题。很多婆婆与儿媳妇关系处理不好，也有不少家庭因为婆媳相处不好，而让女方娘家父母来照顾年幼的外孙子女。婚姻意味着组建家庭，家庭意味着关系，而关系不仅关涉夫妻双方，更牵扯到两家人。

闵晶就因为在婆家照看孩子的过程中产生了许多摩擦，日积月累，矛盾激化。她嫁给了一个名校的才子，男方的父母是南方的木匠。闵晶的父母都是高级知识分子，在婚姻里，夫妻双方没少因为原生家庭的生活习惯不同而争吵。而闵晶生下女儿后，这份矛盾加剧，从口角争吵，演化到家庭战争，甚至险些出现家庭暴力。闵晶感叹，婚姻里绝不是两个人你情我愿这般简单，精神与物质合二为一固然可以抵挡现实的风浪，但原生家庭带来的更深层的心理与认知，以及与老人生活在一起的朝朝暮暮，才是婚姻必须直面的现实。

也有完全隔绝于父母一辈的婚姻，但毕竟是少数。大多数婚姻在这个阶段，才逐渐显现出门当户对的意义。有智慧地处事与生活，经营婚姻，不轻言放弃，在婚姻开始后更加重要。有多少人的婚姻，在爱情淡去，生活重担袭来的时候，面对超市购物的账单，面对房屋装修的合同，面对电费、水费、燃气费，面对孩子的啼哭，奶粉、尿不湿，乃至早教、辅导班的时候，感受到沉甸甸的现实之重？

成长砝码

婚姻与爱情不同。爱情是美好的、真挚的，也是珍贵的。但是在进入婚姻之前，不妨冷静下来，思考生活。考虑一下两个人进入婚姻后可能面对的问题，比如是否异地、家庭关系、经济条件，甚至是身体健康状况。婚前体检是必要的，要以诚相待，这样对彼此都负责。经济条件虽然难以左右两颗热恋的心，但在婚姻中这是不可回避的问题。面包虽然世俗，却是维系玫瑰之美的必要条件。很多人的婚姻都在经济方面产生争执，而如果想要爱得更长久，就必须在物质生活方面做好筹划。所以进入婚姻和子女抚育，以及与对方家人相处，提前了解对方的家庭是必要的。

婚姻不是冰柜里的冷鲜，要常在阳光下晒晒

马斯洛说：“爱是人类的本能，我们需要爱就像我们需要碘和维生素C。”

不少人觉得婚姻就是搭伙过日子，而日子过得是否多姿多彩、有声有色，却考验每对夫妻经营生活的能力。热爱生活是经营婚姻的前提。在微信上曾经有一篇流传很广的文章，讲夫妇二人卖了房子，开车环游世界，途中饱览风景，也历经磨难。共同走过万水千山，他们的婚姻更加稳固。正所谓，患难见真情。

阚荣是一个非常会打理生活的人。无论工作多忙，她每个周末都会抽出时间来陪伴家人，一起做美食，共同出游，每个周末安排一次游园，每个长假计划一次家庭旅行。从她的朋友圈，时常可以看到她带着孩子参加活动，或是看音乐剧，或是做手工。这种生活节奏令人羡慕。

苏梅喜欢户外运动，有个小圈子，共同登山、露营。她就是在这个过程中认识了现在的丈夫。两个人直到婚后，依然会共同开展户外运动，一起研究装备，计划出行。而他们的儿子也因此得名“大山”。他们出于共同的兴趣爱好走到一起，这份融洽与和睦对婚姻有着强大的黏合力。

贺妍和她的先生是书友，两个人约会的时候，经常是在咖啡馆度过一整个下午，一人读一本书，偶尔交流。进入婚姻之后，两个人也经常一起读书，在闲暇的周末午后，煮一壶茶，看历史、人文、哲学，分享更多精彩的观点。他们还共同组织了读书会，每周末约上三五知己，进

行读书分享，找到更多的乐趣。

婚姻里的经营，能让婚姻质量更高，更能经受岁月的侵蚀，抵抗日复一日平淡如水的生活带来的乏力感。两个人在一起时间久了，连表情和神态都会越来越相似。让两个人持久幸福的动力，来自精神的契合。

经营生活不在于轰轰烈烈，清粥小菜也可以别具一格。清晨，给爱人榨一杯果汁，准备一份温馨的早餐；中午，煲个电话粥，问候冷暖；夜晚回家，两个人聊聊天，交流一下工作心得，分享自己一天的见闻与感受，不也是给情感加温吗？

雷烨的婚姻一直很幸福。情人节，他在卧室门口摆了一大圈蜡烛，中间摆着一束巨大的玫瑰花。结婚5年，他依旧浪漫如初，因为妻子喜欢这些。他觉得只要妻子喜欢，就值得。平日里，他也时常制造惊喜：生日的蛋糕、节日的小礼物、结婚纪念日的旅行……妻子出行归来，他会亲自准时到车站等候，并随手带一杯咖啡。这些小事做一次不难，难的是每次都做到，让人暖心。

有了两个孩子后，雷烨喜欢用美篇制作图文并茂的帖子，为孩子们留下童年的纪念。他的儿子吃着棉花糖满脸洋溢着幸福，女儿在雪地里捧着小雪球难掩惊喜，仿佛隔着屏幕都能传出欢乐的笑声。这些渗透在时光缝隙里的温暖，让他的婚姻家庭更加和睦而幸福。

再亲密的关系也需要加温。分开夫妻两个人的，有时候不是琐碎的现实，而是褪去的爱与激情。若是用心为爱增添丰富的色彩，必定会让生活充满更多新鲜与快乐。

爱情里的热情，如果能保持在婚姻中，会让两个人更加甜蜜。只是很多人的婚姻里，爱情都渐渐褪色，而逐渐发展成亲情，对爱人的忽视让彼此的关系变淡，联系减少，相互之间的交流也减少。细心的考虑和偶尔的小浪漫，无疑能拉近两颗心的距离，让彼此重温热恋时的激情。婚姻不意味着爱情的终结，而意味着更稳固、更亲密关系的开始。不妨多一些用心，给爱人更多的时间，表达关心，更加照顾对方的感受，用心经营婚姻。让家成为温暖的港湾，让爱人成为自己内心最真挚的牵挂。

重视沟通，让婚姻更有质量

有一天，英国女王伊丽莎白回家，门是锁着的。她敲门，丈夫问："是谁？"女王答道："女王陛下。"丈夫没开门，又问："是谁？"门口的女王答道："伊丽莎白。"门依然不开。第三遍，面对丈夫的询问，女王终于改口："伊丽莎白，你的妻子。"门终于开了。

婚姻里的沟通，建立在平等和尊重的基础上。不把职业中的身份色彩和工作态度带到家里，而要以一个妻子和一个丈夫的角色定位面对彼此。对于婚姻里的矛盾冲突，沟通是一剂良药。吵架后，冷战不是上策，找到合适的时间，坐下来平心静气地谈谈心，把问题谈清楚，这样才更有效。

有位丈夫在妻子做晚餐的时候，站在一旁指手画脚。一会儿说放盐，一会儿说放醋。妻子很恼火。而丈夫这时开口："你知道我开车时候你在一旁唠叨，我是什么感受了吧！"默契地引发妻子的换位思考，两个人欢笑着，将菜端上桌。

扪心自问，婚后我们有多少时间分给了家人？面对朋友、同事，很多的话都说在了家门之外。而进了家门，看手机，看电视，做家务，直到躺在床上，还要刷刷微信，看看消息。跟爱人的聊天时间，每天可能连20分钟都不到。

同在一个屋檐下，各自忙碌，可能是大多数婚姻的常态。好好说话，多说说话，在日久天长的婚姻中，变得越来越稀缺。交谈也非常重要。许多夫妇，也许已经交谈了30多年。一般人或许以为，再没什么好谈的了。其实，他们还有很多话要向彼此倾诉。你可以向对方诉说一切关于你的事，对方总有兴趣倾听，除非其并不善解人意。而谈话的主要目的，不是传递消息，而是告诉对方："我在你身边。我也知道，你在我身边。"若是能友好地对待爱人，就像对待自己的朋友，那不知有多少分歧可以消弭在萌芽阶段。

何晴与丈夫闹离婚。她跟好友叶桐诉苦，说自己已经很久没有跟丈夫有精神交流了。而最近她遇到一个异性知己，与自己聊得来。两个人产生了很多共鸣，精神上越走越近。她觉得自己应该做个了断。

叶桐了解何晴，同样热爱文学的她，在学校就是文艺女青年，喜欢写诗，喜欢风花雪月。她的爱人是个理工男，在生活里给她无微不至的照顾，但是在精神上，很难时时刻刻照顾到她的需求。她与男性知己在精神上产生共鸣也不足为奇。

叶桐劝她不要离婚。何晴与爱人都是叶桐的校友，两个人有着深厚的感情基础。虽然何晴的爱人不是一个细腻浪漫的人，但对她是忠贞不渝的。两个人也经历了很多坎坷，能走到一起不容易。叶桐劝说，希望何晴和爱人能找机会沟通一下，消除两个人的隔膜，而不是让猜忌与冷漠影响到婚姻质量。

至于婚外的知己，不必强硬斩断，让这种情感转化为友谊，渐渐淡化，可能是明智的选择。如果因为遇到一片跟自己相似的树叶，而放弃自己生长的树干，不但无法继续得到养分，还会因为这种连根拔起的做法而受到巨大的伤害。

"你又怎么知道，这个所谓的知己在生活中的真实面目？"

听了叶桐的劝说，何晴跟自己的爱人真诚地交流了一次。何晴的爱人认识到由于工作压力，很长一段时间，自己疏忽了与妻子的交流。两人长期忙于各自的工作，少了沟通与理解。在这次推心置腹的交谈之后，两人的关系更加亲密。而随着何晴婚姻关系的融洽，她与那位男性知己的关系也日渐淡化。

言语可以带来强大的力量，态度、心情、方法、技巧、智慧和艺术，让沟通带有温度。有心理学家说，只要两个人每天的交流时间在20分钟以上，一般就不会离婚。而反观那些失败的婚姻，又有多少是败在了沟通？

心理学家指出，男女的亲密关系要经历四个阶段：蜜月期、权力斗争期、死亡期和伙伴期，并会在这四个阶段循环往复。每一对恋人都要经历，概莫能外。夫妻关系是一条漫长的路，前行途中不只有亲密和甜蜜，还有气愤、争执和对抗，所以如果面对障碍和困难，要多一点耐心、从容和坚强，手拉手跨越障碍。当经过险滩暗礁，又将驶入更宽阔的大海。

成长砝码

婚姻里的沟通如同融化冰雪的暖阳。越是难以理解的事，越要开诚布公地询问，越是充斥着冷漠与猜疑，越要打破坚冰，共同解决问题。在出现问题的时候，任何一方都有责任，切不可把责任推给对方。不要冷战，而要理智地解决问题。如果双方心情都不好，不妨给各自一定的时间和空间，或者找婚姻家庭心理咨询师帮助彼此缓和关系。遇事要积极面对而不是逃避，守护婚姻而不要轻言分开。等走过坎坷，再回首，会发现曾经的琐事都不足为道，只是很多人的婚姻都止步于冰雪融化的前夜。

持久而稳定的关系靠吸引，也靠美德

《小妇人》里有句话是这样说的：“被一个品行端正的男子爱上并选为妻子，是一个女人最美好与最幸运的事。”同理，被一个德智美兼备的女子爱上，也是一个男人最宝贵的收获。正如股神巴菲特所说：“我这一生最重要的投资不是购买了哪只股票，而是选择谁成为我的伴侣。”一个成功男人的背后，一定有一个默默支持他的女人。反之亦然。

观察生活中的成功男性，身边的女子多半都非常幸福。有人说，男人飞得高不高，走得远不远，和什么样的伴侣在一起很重要。在我看来，无论是远走高飞还是守家待业，一个人选择配偶的标准，品德是第一位的。

人们说，喜欢一个人，始于颜值，敬于才华，合于性格，久于善良，忠于人品。真正的才华与智慧，是一种见识。有才华的人，丰富、内敛、温和，由内而外散发出一种气质。就像古人所言：“望之俨然，即之也温。”有的人也许貌不惊人，却有一种性格魅力，让人觉得舒服，想要与之亲近。和这样的人在一起，就像听一曲舒缓的音乐、品一杯醇厚的热茶、看一朵花静静地绽放，平静中含有淡淡的喜悦。

在婚姻关系中，人品至关重要。人品好的人，知荣辱、懂规则、守底线。善良、守信、宽容、诚实、谦虚、正直，有恒心和意志力，都是人品好的表现。在婚姻里，若是能做到这些，对于家庭、事业、生活都具有责任感，能包容和忍让，自然也会减少很多争吵。具备这些品格的人，无论男女，在工作和生活中的人际关系通常能处理得不错，而家庭要行稳致远，打理各种关系也是必需的。

人品好，就是我们通常所说的会做人。做事固然重要，而做人更重要。有时候，人做得好，做事也会水到渠成。若是人品出现问题，即使事情做成，也许会埋下隐患，或者失去再合作的可能。

《周易》中说："乾道成男，坤道成女。乾知大始，坤作成物。"意思是男子承天之阳刚，女子承地之温柔。天无地则不长，地无天则不生，男女各尊其道，人间才能和谐繁荣。万事万物如此，家庭更是如此。无论男女，做好自己的分内之事，方可形成一段稳定而和谐的关系。

对于家庭来说，女子的品德非常重要。丈夫的好妻子，孩子的好母亲，是家庭和睦的主导力量。母亲的情绪，决定了一个家庭的温度。心理学博士洪兰女士说："从人类演化的角度来讲，母亲是家庭的灵魂，母亲快乐则全家快乐，母亲焦虑则全家焦虑。所以母亲快乐是对孩子最好的教育，母亲心情愉快就是对家庭最大的贡献。"

印度电影《神秘巨星》中，少女尹希娅的母亲常年处在紧张的家庭环境中，承受家庭暴力，她的女儿坚持梦想，却被父亲反对。尹希娅为了音乐梦想不懈努力，寻找机会冲出家庭的桎梏，飞到孟买录歌，并找律师咨询母亲离婚的处理方式。最初劝说母亲离婚的时候，她被母亲大声呵斥。而在机场，当面对脾气暴躁的丈夫要将女儿的吉他扔掉，尹希娅的母亲终于坚定而果决地选择了离婚，那一刻爆发出的人格力量，令人震撼。面对传统伦理与丈夫的权威，一个女子的独立与坚强，捍卫子女追梦的权利，那份不折不挠的品质在荧幕中闪耀着光芒。

道德品质，无论在哪个年代、哪个国家，都是人格的体现，也是美好婚姻的保障。在交往的过程中，擦亮眼睛，多了解和观察，对人品不好的人，要果断地拒绝。因为这不仅涉及两个人的关系，对子女也会产生重大的影响。婚姻中支撑彼此走下去的重要因素，是对彼此人格的尊重，我们一生都在为了成为更好的人而努力。

成长砝码

支撑一段关系更长久发展的是人品。一个人的正直、善良、热情、乐观，往往会在漫长的岁月中闪现出光泽。当相恋初期的彼此吸引与形影不离随着时间的推移渐渐淡化，人们会逐渐寻找更多的空间，很多年后，携手相扶，成为伴侣。有德行的人，做事有底线，不会伤己，也不会害人。好妻子懂得温暖丈夫和子女，用智慧处理好家庭关系；好丈夫也会用心呵护自己的家人，有担当和作为，并为家庭负责。在婚姻关系中彼此映照，修正缺点，更懂得爱与奉献，才能成为更好的人，并为子女做好榜样。

当约会足够多，是时候共同进步了

哲学家费尔巴哈说：“爱就是成就一个人。”

文熙和启烽是一对情侣。他们喜欢在咖啡馆约会，每次都是各带一本书，各自读书。这样的约会持续了1年之久。于是，两人探讨的话题也与一般情侣不同，他们会适时停下来，给彼此讲述自己读书的体会，对一些问题展开深入的交流和探讨。过了几年，文熙和启烽两个人共同考上博士研究生，有了更多的共同话题。

约会，最初是了解的过程，在面对面的交流和对话中，创造彼此了解的机会。两个人从陌生到熟悉，而当足够熟悉的时候，这段关系该走向何方？是婚姻，柴米油盐的生活？还是旅行，共同探索未知的世界？

这些都可以有，但都不是终点。婚姻中，渐渐无话可说的时候该怎么办？而当风景都看透，又怎样面对日复一日的细水长流？

共同进步，或许是最好的选择。在发展中对话，在交流中彼此支持和鼓励，相互扶持，更有意义。

读大学的时候，身边有很多情侣，共同自习，彼此鼓励，相互监督。一起出国读研、读博的也很多。我们称之为“双飞”。

菁菁与男朋友是高中同学，学生时代就相互勉励，双双考上名牌大学。虽然不在一个城市，但他们每天保持电话联系，分享选课的心得、选专业的想法、选择职业的思考。在大学里，菁菁选修了电脑编程课，经常请教读计算机的男朋友，而男孩的一些文史类论文，也常由菁菁搜集素材。这样密切的合作交流，让他们的视线更多地放在长远的规划和人生的大局，而让异地的冷暖变得不再那么重要。五一和十一假期，他们一起回家乡，或者一起出游。有时候，男孩会来学校看菁菁，而有时候菁菁也会去男朋友的城市。距离不再是两个人的困难，反而坚定了他们在一起的决心。

毕业以后，菁菁到北京工作，她的男朋友先去大学所在城市的一家知名企业实习，后来也到北京找了工作。结婚的时候，菁菁流下激动的泪水。几年后，菁菁生下可爱的女儿。她一直关注成长，并且与伴侣携手成长，两人的事业蒸蒸日上，生活越来越幸福。

人海茫茫，相遇是莫大的缘分，而有缘在一段关系中共同成长，彼此成就，或许才是夫妻至深的缘分。不在于天长地久的相守，而在于无论何时何地，只要想起，心里就是暖的。无论去往何方，都知道自己并不孤单。

真正能分开两个人的，不是时间的漫长，也不是距离的遥远，而是失去共同的方向。杨澜曾经谈到："婚姻需要爱情之外的另一种纽带，最坚韧的一种不是孩子，不是金钱，而是关于精神的共同成长，那是一种伙伴的关系。在最无助和软弱的时候，在最沮丧和落魄的时候，有他托起你的下巴，扳直你的脊梁，命令你坚强，并陪伴你左右，共同承受命运。那时候，你们之间的感情除了爱，还有肝胆相照的义气，不离不弃的默契，以及铭心刻骨的恩情。"

有段经典的话，形容夫妻共同成长："夫妻，此生结缘的最大意义不是吃饭穿衣，不是生儿育女，而是心灵的交流，爱的流动，彼此慰藉，彼此滋养，彼此成就，在爱中修行提升生命层次的最好方法。"

共同对视，不如共同看向远方。死生契阔，与子成说。执子之手，与子偕老。不离不弃，相濡以沫，患难与共，生死相依，这是一种祝福，也是幸福婚姻的真相。

成长砝码

两个人最好的相处，是彼此成就。与其琐碎，不如把目光投向共同进步。当约会足够多，人品和能力都经过时间的考验，共同经历了很多事，两个人如何进一步发展，如何谋划好共同的未来，就成为更重要的话题。家庭的发展，事业的进步，孩子的成长和教育，对于婚姻来说是大课题。若能将目光更多地聚焦在这些方面，视线就能从生活琐事中转移出来，相对地，摩擦和冲突也能减少很多。不妨放大人生的格局，更广泛地涉猎，探索更多的未知，拥抱更多的精彩。因为人生短暂，与其彼此对视，不如共同追求美好的未来！

后 记

2月末，万物复苏。春泥上还残存着皑皑白雪，却挡不住生命的气息。

作家木心有诗曰："会当身由己，婉转入江湖。"一位小学妹把这句诗用作微信个性签名，20多岁的她正在成长的阶梯上艰难地攀爬。回想自己像她这个年龄的时候，从一个涉世未深的大学生，到异域求学，到职场历练，经历了很多波折，在不同的城市间辗转，在多元的环境中切换。一路跋涉，曾经迷茫挣扎，也曾痛苦彷徨。但是，经历了一些事，肩上的背包里承载了一些见识，如今有了一些积累和收获，也更加感恩当年那段岁月。

感激自己没有轻言放弃，感谢父母家人对我一以贯之的关怀和鼓励，感念那些前辈对我真诚的帮助与提携。

年少的东奔西走是给成熟的优雅增添的砝码。正是由于曾经面临重要的关卡和考验，在汗水与泪水交织的暗夜过后，黎明的曙光到来时，一切才愈加明朗而珍贵。

在青春的旅途中，我沿途见识了许多风景。很多人，很多事，常常在不经意的时刻涌上心头，我在这个过程中找到了很多问题的答案。

当前途未卜的时候，不妨勇敢地迈开步伐，在实践中寻路，遵循内心的声音，活出属于自己的精彩。谨以此书送给更多与我一样走过青春岁月、追求成长进步、希冀获得幸福的同行者。

2020年2月24日